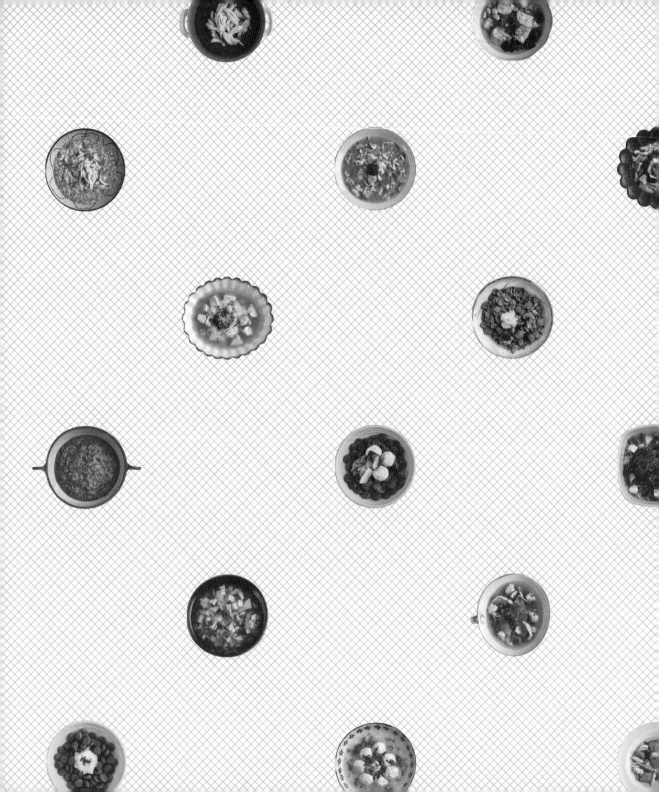

5色鮮食
養出健康亮麗毛小孩
manpucu garden 俵森朋子

瑞昇文化

為了健康又長壽，應該給愛犬們
什麼樣的食物呢？

Dog food?

Topping?

Half & half?

Home made?

這個答案，
就在你的愛犬身上。

序 言

　　你的冰箱裡有納豆嗎？為了製作御好燒而開封的柴魚片和海苔還有剩下嗎？請將這些東西稍微分出一點，用在製作愛犬的餐點吧。讓牠們開心地大快朵頤，就是手作鮮食的第一步。

　　手作鮮食很麻煩、很費時間、也不知道該選用哪些材料、對於分量也一無所知。過去，我也是這麼認為的。

　　要不要把有些困難的事情先擱置到一邊，將晚餐小菜用的肉或魚類的剩餘部分配上煮味噌湯用的蔬菜，分出一些些到一如往常的小狗餐食中，從這一步開始呢？

吃東西這件事，是為了生存下去。
吃下去的東西，是打造身體的原料。
在小狗 15 年左右的短暫生涯中，讓牠們能更加開心地享用美食，
是只有飼主才能做到的事情。

　　不必所有的東西都親自烹調、也不必拼盡全力地持續下去，只要做到你能夠做的事情就可以了。接著，請不要被先入為主的觀念或情報困惑、也不要被「若是不這麼做就不行」的思維束縛，請以你面前的愛犬會喜歡的餐食為目標努力，就是最棒的一件事了。

　　現在就趕快打開你家的冰箱，踏出第一步吧。

　　感謝拿起這本書翻閱的各位。希望大家的愛犬們都神采奕奕地度過享用美味的每一天。

俵森朋子

contents

附錄

想加入小狗餐食的食材 速查表

① 本書的照片中，食材並沒有切得太細碎。如果是消化機能較弱或是身體虛弱的狗，請參考 P.18，盡可能地把食物切得細碎一點，煮好後再用電動攪拌機等工具弄成糊狀。

② 本書的內容中，以藥膳的思維為基礎，將食材分類成 5 種顏色，並配合季節或身體狀況來介紹選擇食材的重點。各種顏色的食材範例請參考 P.80 ～的內容。

③ 關於「材料」的分量，是設定為體重 10 公斤左右的中型犬，在 1 日餵食 2 餐的情況下 1 餐的分量。請參考 P.40，配合愛犬給予適當的量。此外，也請根據給餐食後的身體狀況隨時調整。

④ 並不是完全要依照食譜中的食材來使用，只要評估顏色和營養素的平衡，更換為推薦的食材再進行增減，做一些變化也是沒問題的。

⑤ 配合季節和身體狀況，將 5 種顏色的食材該投入概略的比例以參考基準呈現。其比例並不是重量，而請用看感覺大概抓一下即可。

⑥ 下方的分量表示方式，大致是指這樣的意義。

‧掏耳勺大小 1 匙 = 約 0.02g

⑦ 本書介紹的手作鮮食食譜，可以用平常在吃的狗糧替換肉、魚，也可以作為混合食給餐。如果混合食看上去的分量佔整體的 1 成以下，請加上平時分量的狗糧、若是 2 ～ 3 成左右，請將狗糧減少一點。

⑧ 因為是考量到小狗們的健康來規劃菜單，所以會出現一些平時不常使用的食材。這種狀況下，會盡可能一起介紹能用來替代的食材。

※ 如果愛犬已被診斷有某種疾病的情況下，請徵求獸醫師的建議後再以本書的鮮食供餐。

※ 營養補充品請遵照包裝上的記載來使用。

※ 狗也是有個體差異的，每個孩子都有適合自己跟不適合自己的食物。如果本書收錄的鮮食不適合愛犬體質，請不要勉強繼續餵食，務必先中止。

※ 如果想更詳細地了解手作鮮食的內容，也請參考敝人先前的著作《打造毛小孩的美味餐桌》、《高齡犬飲食指南》、《狗狗抗癌飲食全圖解》。

※ 中文版註：相關飲食與調理，請將日本與台灣之條件差異列入考量，有任何疑慮，請務必尋求專業醫師或人士之意見。

小狗餐食
相關的
Q & A

在寵物店或網路商店都會陳列出琳琅滿目的狗糧、網路上關於小狗餐食的情報也已經相當豐富的現今，我們到底該給狗什麼樣的食物才好呢？

首先，我們就先來消除跟小狗餐食相關的疑問與不安。

Q 說起來，小狗餐食是什麼？

A 偏向肉食的雜食。動物性蛋白質是必須的。

狗的祖先被認為大概是在 1 萬 5000 年前開始和人類一起生活的。現在和我們一起生活的家犬，據說是狼的亞種。狼幾乎都是肉食，那麼狗的情況又是如何呢？

選擇和人類一同生活、進行進化的狗，演化出狼所沒有的小小盲腸。此外，目前也知道關於澱粉酶這種分解澱粉時必要的消化酵素，狗比狼還要多 2 ～ 15 倍之多。

只不過，和唾液中就含有澱粉酶的人類相比，狗只能在胰臟製造少量的澱粉酶而已。所以一般認為狗消化碳水化合物的能力比人類弱，是偏向肉食的雜食性。

蛋白質的功用在於？

- 將醣類和脂質轉化為能量
- 成為促進體內化學反應的酵素的原料
- 成為載體蛋白，將氧氣運送到各個臟器
- 成為肌凝蛋白，運動肌肉
- 成為免疫球蛋白，執掌免疫

  …等等

狗的主食是動物性蛋白質

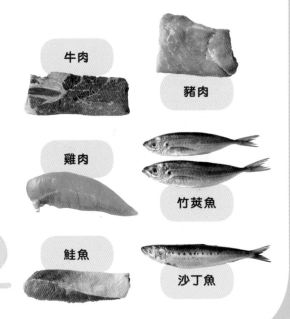

牛肉

豬肉

雞肉

竹筴魚

鮭魚

沙丁魚

Q｜只有肉或魚的話不行嗎？

A 只有肉或魚的話，就會有營養不足的問題。

從肉食動物進化而來的狗，為什麼不能只吃肉或魚呢？說起來，肉食動物並不是只吃獵物的肉而已，會連草食動物那裝了發酵膳食纖維的胃袋，以及骨頭、血液等都一起吃下去。因此，一般認為如果只讓狗進食肉或魚的話，就會出現營養不足的狀況。

具體來說，如果只有肉或魚，與維持身體機能相關的維生素、礦物質，還有能幫助排出老廢物質和毒素、整頓腸道環境的膳食纖維等都會處於不足的狀態。這些都能透過蔬菜、菇類、海藻、骨頭等來攝取，所以請搭配肉跟魚一起讓愛犬攝取吧。

蔬菜

蔬菜跟菇類含有豐富的維生素、礦物質和膳食纖維。特別是膳食纖維，是整頓腸道環境的必需要素。

海藻

海藻中有豐富的維生素、礦物質、膳食纖維。特別是體內無法製造、對生命維持來說不可缺少的礦物質，海藻中的含量相當高。

油

為了打造強健的身體，脂質是必須且重要的能量來源。特別是植物油和魚油中含有豐富且在體內無法生成的必需脂肪酸。

骨頭

骨頭中含有以鈣為首的豐富礦物質。想要攝取只有肉和蔬菜的餐點會缺乏的礦物質，就需要骨頭。

Q 如何選擇市售的狗糧比較好？

A 請仔細確認原材料的標示吧。

就像人類的餐食沒有正確答案一樣，狗的食物也不會有「吃這個的話就沒問題」之類的完美餐點。這一點無論是市面上賣的狗糧或手作的鮮食都是一樣的。

所以，在各位挑選市售的狗糧時，也要仔細確認原材料的部分。舉例來說，狗不太能消化碳水化合物，所以每餐的碳水化合物太多就會對消化造成負擔（參考 P.12）。主要材料不是碳水化合物，而是肉或魚，是需要注意的重點。此外，因為脂肪容易氧化，所以含有太多脂質的狗糧會對細胞造成傷害。無論如何，請妥善查詢材料和製作工序後再進行選擇。

市售狗糧的選擇方式

□ 主材料是肉或魚？

□ 脂質會不會過多？

□ 有無使用不必要的添加物？

  如果你希望再講究一點的話⋯⋯

□ 能輕易預測食物過敏、

  動物性蛋白質只有 **1** 種

□ 製造溫度 **70** 度以下

□ 無穀

Q 狗糧的添加物很危險嗎？

A 雖然對狗糧來說是必要的東西，但還是要進行內容確認。

狗糧中使用的添加物，可藉由確認是否會危害健康的實驗，以及過去使用的實績等層面驗證它的安全性。此外，其基準和規格是由寵物食品安全法訂立的。只不過，實際上會對愛犬的身體造成什麼樣的影響，還是要依據飼主的判斷而定。

話雖如此，像是某些標榜「天然」的飼料，會使用維生素E或迷迭香萃取物的抗氧化劑，但是對於能抑制氧化到什麼程度卻很曖昧。所以請不要認為添加物全都很危險、標榜天然的都很安全，務必要確認情報源，以獲得正確的情報。

狗糧中含有的添加物種類

抗氧化劑

為了
確保品質

為了打造強健的身體，脂質是必須且重要的能量來源。特別是植物油和魚油中含有豐富且在體內無法生成的必需脂肪酸。

著色劑·保色劑

為了讓
外觀更有賣相

這是為了幫狗糧上色，讓產品看起來更有賣相，對於愛犬的健康飲食來說是不必要的東西。因為排出這些會讓肝臟疲憊，因此最好盡可能選擇沒有使用這些添加物的產品。

營養添加物

為了冠上
綜合營養食品之名

日本為了讓狗糧以「綜合營養食品」之名標示，必須分析37項的營養素並數值化，然後標示是否符合綜合營養食品的基準。為此營養素就是必須添加的東西。

Q 想要手作鮮食，
得從哪裡開始比較好呢？

A 首先就先試著在狗糧中加入混合食吧。

經常會聽到人說「想要挑戰看看手作鮮食，可是完全不知道該從哪一步開始」。一開始，大家可以先不必拚到去製作完全的手作鮮食。首先，請嘗試先在平常讓狗吃的食物中加入蔬菜、肉、優格等任何一項開始做起吧。飼主晚餐使用材料的邊角肉、冰箱裡還有的蔬菜等都可以拿來運用（請先剔除狗不可以吃的食物和愛犬會食物過敏材料）。

愛犬對這樣的餐食有什麼反應、之後又排出什麼樣子的糞便，以這些來作為下次製作時的參考吧。右頁刊載有以圖表推導製作方向的測驗，請務必當作參考。

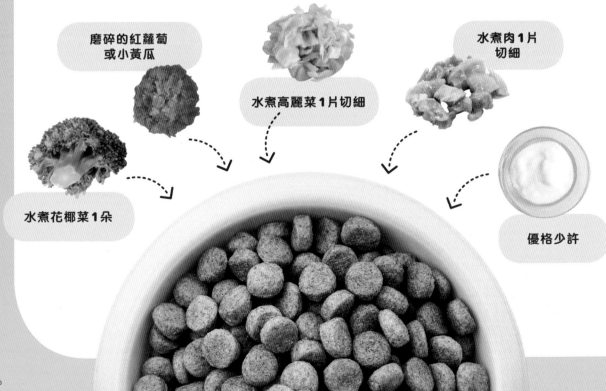

磨碎的紅蘿蔔
或小黃瓜

水煮高麗菜1片切細

水煮肉1片
切細

水煮花椰菜1朵

優格少許

手作鮮食的開始方式圖表

在平時的狗糧中
嘗試加入1樣

吃得很開心 →

有所防備 →

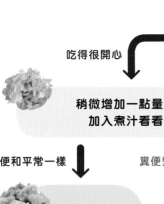

稍微增加一點量，
加入煮汁看看

← 吃光光

再切得細一點，然後多煮一下，
和狗糧好好拌勻

糞便和平常一樣 ↓

糞便變軟

只剩下混合食 ↓

將水煮肉和
2〜3種蔬菜，
連同煮汁一起加入，
持續1週看看

糞便變軟

再把蔬菜
切細一點，
然後多煮一下後
再餵食看看

糞便又變軟了

混入一點
牠最喜歡的
肉或魚，
持續1週看看

剩下來 →

恢復
平常的樣子

沒有問題 ↓   ↑ 糞便又變軟了

恢復平常的樣子

糞便又變軟了 ↓

吃光光 ↓

增加
肉或魚的量，
減少
狗糧的量

沒有嚴重腹瀉的話，
也有可能是排毒，
請持續2〜3天，
觀察糞便的狀況

在牠最喜歡的
肉或魚裡加入
一些番薯或南瓜，
確實煮透後拌勻，
再餵食看看

沒有問題 ↓

吃光光 ↓

剩下來 ↓

可完全手作或
混入狗糧，
可配合飼主的
生活方式調整

試著
一點點增加
要餵食的東西

在牠喜歡吃之前
都不要放棄，
一點一點
持續試看看吧

Q 聽說讓狗吃蔬菜是不行的？

A 蔬菜也有**很重要的任務**。

在獸醫師之中，有覺得「讓狗吃蔬菜比較好」的人、也有認為「不要餵蔬菜比較好」的人。此外，根據食材的不同，可餵或不可餵的情報也是各有支持者。

雖然在人體上驗證有效，但是無法證明同樣的效果也能用在狗身上的食材也有很多種。話雖如此，我們都是活生生的生物。因此我認為可以期待發揮相同效果的食材應該還是不少的。例如蔬菜中含有很多能讓老廢物質排出、整頓腸道環境的膳食纖維，這點是不會錯的。雖然也有「狗無法消化膳食纖維，只會對腸胃造成負擔」這樣的聲音，但人類也無法消化膳食纖維，而這正是無法消化才能發生的效用。

為了讓蔬菜營養更能被吸收的準備

確實煮透一點
加熱能夠破壞較硬的纖維壁，會有助於消化吸收。也將融入營養素的煮汁一起餵食吧。

打成糊狀
如果切得再細碎也不好消化，或是咀嚼能力較弱的高齡犬，就用電動攪拌機打成糊狀。

薯類要刨泥
薯類有很多較硬的類型，只切小塊還是會很難消化，所以磨成泥的話會比較好吸收。

葉菜要切得細碎
葉菜類、菇類、海藻等基本上要切得細碎再進行調理。對消化有幫助。

黃綠色蔬菜跟油一起炒
黃綠色蔬菜放入鍋中跟油一起炒，之後再水煮，可增進維生素 A 吸收。

Q 狗不能攝取鹽分嗎？

A 如果不給予少量的鹽分會危害健康。

　　有很多人會認為「狗不能攝取鹽分」，所以在餵食完全手作的鮮食時，常會有缺乏鹽分的傾向。只不過，不光是狗，對於生活在地球上的動物來說，鹽分是維持生命必備的礦物質，就連乾狗糧中也會含有鹽分。在完全手作鮮食的場合，請每週1～2次左右、加入必要量的鹽分吧。若是和含有鹽分的狗糧並用的場合，就沒有必要另外追加了。

　　當然，鹽分攝取過多的話也沒有好處。在食材本身含有鹽分時就不另外添加、在大量運動後就加入比平時多一點的量，藉此進行調整。

每天必要的食鹽量是？

將每天必要的鈉，設定以食鹽來攝取的基準

$$食鹽（g）＝體重（kg）× 50 （mg）× 2.42 ÷ 1000$$

※ 體重 5kg 的話，就是 5 X 50 X 2.42 ÷ 1000 ＝ 0.605g

食鹽 的情況

1 小匙 = 6g，所以
體重 5kg…1/10 小匙

味噌 的情況

1 小匙約 0.8g 的鹽分，
所以體重 5kg…約 2/3 小匙

梅干 的情況

中型 1 個（鹽分 10%）約 1g 的鹽分，
所以體重 5kg…約 1/2 個

Q 餵食生肉也沒關係，是真的嗎？

A 餵食生肉的場合，有優點也有必需要注意的地方。

　　最近生食用的冷凍肉品也很方便入手了，所以餵食生食的飼主也開始增加。要餵食生肉的時候，其中有優點也有必需注意的點。

　　舉例來說，生肉會比加熱過的肉附著更多的雜菌，感染的風險也比較高。但是，細菌原本就是會繁殖的微生物。這些微生物也有對強化免疫力是必要的這一面。雖然人類也會因為沒有妥善處理附著在食物上的微生物，因此導致食物中毒的情況，但是比起人類，狗體內留有擁有更能處理這些微生物的系統。只不過，如果體質不合的話，還是不要勉強，經過加熱後再餵食吧。

優點

- 含有均衡的必需胺基酸
- 能夠直接攝取酵素
- 能夠攝取新鮮的維生素和礦物質

要注意的地方

- 選擇生食用的市售品
- 就算是狩獵得來的肉，也要選擇視同人類的食用肉那樣、以相同等級的程序處理過的商品
- 生豬肉會帶有寄生蟲，如果可以的話，還是煮熟為佳
- 以冷凍方式保存，要食用前再解凍

會留有天然的酵素

Q 可以讓牠們啃骨頭嗎？

A 生骨頭可以攝取到鈣質和其他礦物質。

骨頭中含有鈣質這點自然不必多提，其他像是磷、鐵、亞鉛、鎂等礦物質，以及脂質、維生素等含量都很豐富。

此外，透過啃咬骨頭，可以期待藉此去除牙結石的效果。啃咬時也會讓唾液大量分泌、同時也促進胃酸分泌，具有讓消化力提升的效用。

因為啃咬這個動作會使用到下顎，讓能量得以發散，還可期待和穩定精神相關的效果。而且也有說法表示吃骨頭會讓糞便變硬，糞便會刺激肛門腺，讓分泌液自然排出。無論身心面都有很多好處，所以只要留意該注意的地方，就可以餵食看看。

優點

- 鈣質、磷、鐵、亞鉛、鎂等豐富的礦物質
- 抗氧化作用高
- 可期待去除牙結石的效果
- 藉由啃咬讓唾液和胃酸分泌，提升消化力
- 藉由啃咬連動到安定精神的功能

要注意的地方

- 加熱後會裂開，進食時有風險，所以請不要煮過，直接餵食生食
- 留意不要讓狗一口氣整根吞下去。同時飼養多隻狗的時候更是要注意，請確保能讓牠們平靜進食的環境
- 小型犬的話，請先用雞翅膀、雞頭、軟骨等較柔軟的骨頭試餵看看
- 餵食過量，糞便會變得硬梆梆→顏色變白、乾乾的，所以要注意不要餵得過頭

Q 不可以每天餵食一樣的東西嗎？

A

該食物的缺點會持續累積，請定期輪替餵食。

舉例來說，持續1個禮拜每天的每餐都煮雞肉料理，這段時間內都餵食雞肉可以嗎？對狗而言，飼主端出來的餐食就是全部，所以還是會吃掉那些食物，基本上無論哪隻狗都是一樣的。但不管是什麼食品，絕對都會有優點和缺點，持續吃下去的話就會讓缺點累積。無論是狗糧還是手作鮮食，都請大家一定要輪替著提供。

Q 可以給牠們人類的食物嗎？

A

人類的食物 = 調味過的調理品，不要餵食比較好。

如果說到「不要給狗吃人類的食物」，通常是指調味過的調理品。醬油、砂糖、醬料、番茄醬等，都是大量使用調味料的食物，其中的鹽分、糖分、添加物等對狗的身體來說是過多且不必要的東西，因此還是別餵食比較好。但是，除了狗不能食用的東西以外，調味前的食材無論對狗還是人類來說都是可安心的食材。

Q 手作鮮食好像會破壞營養均衡？

A

和人類一樣，1週內均衡攝取就沒有問題。

人類吃飯時會每餐都計算卡路里並調查食品成分，才製作出營養均衡滿分的餐點嗎？麵包、和食，有時候還會吃速食食品，這些大家都經歷過吧？狗的食物也一樣。不管是人類還是狗，都擁有很棒的調節機能。沒必要在1次的用餐中完美達到營養均衡，只要在1週內，讓蛋白質、維生素、礦物質等營養能夠充裕補給就足夠了。

Q 手作鮮食好像容易造成牙結石？

A

牙結石的

有無是

保養的問題。

　　乾狗糧也好、濕食也好、手作鮮食也好，都可能讓齒垢出現。雖然會因為體質、唾液成分、琺瑯質的強弱等出現個體上的差異，但是會不會出現牙結石，其實是跟日常保養的有無有所關聯的。並沒有因為吃了手作鮮食，所以才出現牙結石問題這種事。飼主跟愛犬都該快樂地享用餐點，並且盡可能每天刷牙維護牙齒健康才是。

Q 災害等特殊情況時，會讓狗吃不慣市售狗糧？

A

無論何時、何地、

吃什麼，都要讓牠們

開心地享用。

　　我經常聽到有人反映狗狗吃慣鮮食就不吃狗糧。首先，不管是只吃乾狗糧，還是只吃手作的鮮食，都不要依喜好選擇性地餵食，要優先塑造牠們無論何時、何地、吃什麼都能開心地享用的體質和精神面。所以不必太過擔心這個問題，如果你想讓愛犬吃手作鮮食而牠們也喜歡吃，那麼平時就製作能讓牠們開心進食的手作鮮食，不是很好嗎？

Q 吃手作鮮食的話，身材會變瘦弱？

A

請調整餵食的

量和內容物。

　　手作鮮食和乾巴巴的乾狗糧相比，含有較多的水分和纖維質。食用手作鮮食的話，可以讓狗較容易排出多餘的水分和老廢物質，所以身體可能看起來會更精實、更纖瘦也說不定。此外，這其中也有供餐的分量或卡路里不足的可能性。請試著增加肉或脂肪（肉類油脂或食用油品）的量、薯類的比例等，藉此調整看看吧。

第一次的手作鮮食

25 年前，我獨立後首先迎接的寵物是雪納瑞 Shuna。我對 Shuna 的照顧真的很不成熟，甚至覺得「健康是理所當然的，就算放著不管也會很健康」，真的是很幼稚的飼主呢。

在好多年間，我一直以為只餵食狗糧的餐食是「正確答案」。對於親自製作狗的餐食這點，也抱持著「我這麼忙，做不到啦」的先入為主觀念，以及「乾狗糧對健康比較好吧」這種籠統的安心感，頑固地走向了「不親手製作」這個選項。然而，因為 Shuna 和其他小狗們的健康開始出了問題，這才讓我開始因應狀況來改變餐點。

「手作餐食」最初的第一步，其實根本談不上是親手製作，就只是在狗糧上放上生肉這種簡單的東西而已。即便如此，我還是看到小狗們用前所未有的興致和喜悅享用著餐食，因此原本只是少量的混合食開始變成重點，而狗糧反而變成陪襯用了。

時至今日我再回想這件事，會覺得如果自己能更了解小狗們的情緒和身體，自己的忙碌和那毫無根據的安心感什麼的根本也不重要了。讓牠們欣喜地覺得「食物很美味」，而且無論心靈還是

胃都獲得滿足，我想要提供這樣的餐食給小狗們。哪怕最後的答案是乾狗糧也罷。首先最重要的，其實是小狗們是不是能開心地想享用。而這個結果也真的出乎我的意料。

在那之後，我做過像從前的貓飯那樣在米飯上加上肉汁的餐點、也準備過像狼狩獵後得到的生肉骨頭那樣的餐點等，經過了很多次的失敗，後來從含水分的餐點和未加工的新鮮食材所帶來的驚喜變化中獲得助益，漸漸地感受到餐食的重要性和有趣之處。即便是失敗的餐點，小狗們也會開心地勇於嘗試，但我還是希望能給牠們不容易生病、注重健康維持的餐食。這種強烈的念頭，成為我鑽研小狗餐食的契機。

直到今天陪伴我們的 7 隻小狗們，透過自己的身體來教導我的事情，我希望能和同樣愛狗愛到無法自拔的諸位飼主朋友們一起共享。然後，也希望會有更多的小狗，能對每天的供餐望眼欲穿，並且開心又津津有味地享用。

首先就從
混合食
開始製作吧！

一直以來都只有餵市售的狗糧，但這樣真的
沒問題嗎？如果你有這類的煩惱，可以從運
用混合食的方式，開始嘗試為餐點增加新鮮
的食材吧！

混合食的基礎

因為沾上味道，
所以很美味！

混合食的好處為何？

1 營養均衡提升

雖然乾狗糧中也含有大量且均衡的營養素，但也會因此錯失新鮮食材中含有的無數有效成分。請加入當令食物或含水分的食材，製作出對消化有幫助的餐食，也會讓能量加倍！

2 嗜好性提升

進食量都不太一樣的狗，如果有某樣具有誘導性的東西會很有幫助。首先在平時的食物中放入會讓牠感興趣的1樣食材，刺激嗅覺、進而連結到提振食慾吧。

3 樂趣提升

即使是只有狗糧也會大快朵頤的狗，如果餵食添加新鮮食材的餐點，相信應該就會更能享受用餐的樂趣。作為飼主，一邊思考愛犬的狀況、一邊煩惱「給牠什麼會覺得開心呢」，這段時間也是一種樂趣呢。

要添加什麼比較好呢？

首先，要讓狗習慣含有水分的新鮮食物。
先加入某種食材，然後觀察看看愛犬的反應和排便的狀況。
請嘗試各式各樣的食材，找出愛犬喜歡、也適合牠們的東西吧！

最初先從1種開始

愛犬喜歡的食物也好、冰箱裡有的東西也好，只要不是不能給狗吃的食材（參考 P.36），其他的都沒問題！為了能更容易地了解愛犬的反應和身體狀況變化，首先選擇 1 種，放上少量試看看。餵食時要適當地和狗糧混合。

水煮的時候就加入煮汁

水煮肉、魚、蔬菜，用來當成混合食的時候，溶進營養和鮮味的煮汁也一起加進餐食裡吧，這樣還能同時補充水分。如果是不太常喝水的孩子，像這種加了味道的水，通常都會在進食時一起喝下去的。

蔬菜要便於消化

蔬菜和菇類中有很多人類或狗的身體都較難消化的膳食纖維，所以基本上要做成容易吸收的餐點（參考P.18）。出現軟便或腹瀉的場合，就煮透一點，然後用電動攪拌機打成糊狀，這樣更有利於消化。

試著製作收錄的料理

本書所收錄的料理食譜，肉、魚的一部分或整份都用來當混合食也是沒問題的。如果想做的混合食品項增加的話，可配合季節和愛犬的身體狀況，挑戰看看收錄的食譜吧。

和飼主的餐點同時製作，再分配的混合食

如果是平時就會自己烹調餐點的人，要在愛犬的餐食中添加混合食就很容易了。
只要從飼主吃的食物中取出一部分，再混入愛犬的狗糧裡就可以了。

分配的重點

1 狗不能食用的東西要在放入前分開

例如要分配味噌湯或鍋物的時候，即使沒讓狗吃到蔥類的食材，也會因為烹煮時讓湯汁含有可能導致狗中毒的成分。所以要放入不能吃的食材前，就要先分出愛犬的那份。

2 沾上味道前就分開

狗也需要鹽分和糖分，但如果餵食和人類一樣的調味食物，就會造成攝取過量的問題。此外，辛香料中也有刺激性太強的東西，所以請在愛犬那份沾上味道之前就先分開吧。

生魚片

如果是販售給人食用等級的生魚片，
即使讓愛犬吃生的魚也沒有關係。
請切成一口大小，然後和狗糧均勻混合後再讓牠享用。

飼主用

愛犬用

奴豆腐

奴豆腐（日式涼拌豆腐）等會加上藥味（提味用、帶有香氣的辛香料或蔬菜）
食用的場合，也有只把藥味的部分拿去當混合食的方法。
蘿蔔泥和切碎的青紫蘇等能幫助消化，十分推薦。

飼主用

愛犬用

味噌湯

烹調飼主喝的味噌湯時，在加入味噌之前，
先取出部分食材和煮汁，然後加在狗糧上吧。
不僅食材的替換很方便，用來補充水分也非常合適。

飼主用

愛犬用

鍋物

飼主在享用鍋物時，
就是為愛犬加進各式各樣食材點綴的時機！
只不過，像是蔥類或煮汁就不要加進去了，請特別留意。

飼主用

愛犬用

只要擺上家裡有的東西！
簡單加一點就好的混合食

即使沒有特地去採買料理用的東西，家裡冰箱和食品櫃裡已經有的東西也推薦用來作為混合食的材料。請配合愛犬的身體狀況，來試著補足吧。

促進新陳代謝
提高能量
柴魚片

肌苷酸會讓細胞活性化，促進新陳代謝。胜肽也能去除妨礙能量產出的氫離子。

這種時候就推薦這個

可以在沒有食慾時用於誘導。因為多少含有一點鹽分，所以可用於疲憊的時候或水喝得太多的時候。

用於鈣質補給
青海苔

海苔中含有很多的鈣質和鐵質，還有利尿作用，對有浮腫的狗是有幫助的。

這種時候就推薦這個

感覺貧血或是出現浮腫時可用。但是必須注意愛犬是不是需要限制鉀攝取量。

這麼一說，
家裡都有呢！

用炒過的芝麻粉
提高抗氧化力
黑芝麻・白芝麻

芝麻素的抗氧化成分，能夠抑制活性氧類的運作。因為比較難直接吸收，所以請磨成芝麻粉。

這種時候就推薦這個

感覺肝功能變差、持續進食脂質較多的食物、體毛毛躁、血液循環不佳的時候可用。但要留意不要過量。

不只能補充營養
還可提振食慾

櫻花蝦

含有豐富的蝦紅素和維生素 E，能
抑制活性氧類的產生和氧化，防止
皮膚和血管劣化，提升免疫力。

這種時候就推薦這個

食慾不振的時候。因為鈣質很豐富，所以可用於久病不起
的狗或罹患關節毛病的狗。要連殼一起弄細碎餵食。

可期待整腸作用等
讓人欣喜的效果

納豆

含有均衡水溶性和非水溶性膳食纖
維的發酵食品，可期待整腸作用。
推薦用去皮製作的碎粒納豆。

這種時候就推薦這個

因為腹瀉或便秘問題想調整腸道狀況時、想預防高血壓或
血栓時、想提升免疫力時可用。

消除便秘和
改善腹瀉問題

優格

乳酸菌會讓好菌的活動更活潑，消
除便秘或改善腹瀉問題。整頓腸
道，對免疫力也有好的影響。

這種時候就推薦這個

想消除便秘時、想改善腹瀉時可用。如果早上起來發現有
嘔吐胃液或膽汁的情況，請在睡前少量餵食試看看。

消除浮腫
也有通便效果

細絲昆布

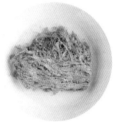

有豐富的鈣質、碘等礦物質和 β-
胡蘿蔔素。在比較難消化的海藻
中，算是對消化負擔相對輕的。

這種時候就推薦這個

糞便變硬時、感覺便秘時可用。還有稍微捏起皮膚，放開
後也不太會回復的時候（浮腫狀態）。

促進血液循環
消除寒涼

肉桂

讓製造血管和淋巴管的蛋白質受體
Tie2 活潑化，能期待它強化微血
管的功用。

這種時候就推薦這個

腳尖或耳尖經常冰冷時、腹瀉或食慾不振時可用。請少量
供給，不要過多。有出血狀況的狗請不用食用。

消滅壞菌
增加好菌

蘋果醋

整頓腸道環境的膳食纖維和醋酸可
以減少壞菌，且可以讓好菌變多，
刺激腸道進而消除便秘。

這種時候就推薦這個

持續腹瀉或便秘的時候可用。不太吃東西時，可以調整腸
道環境，讓食物能更有效率地轉化為能量。

常備於冰箱、冷凍庫，
預先做好的混合食

忙碌的時候
立刻就能完成呢！

每次都要準備混合食的話實在很大費周章！在這種時候如果能預先做好，
再放進冰箱或冷凍庫保存就會很方便。這也適用於手作鮮食喔。

藉由補充新鮮蛋白質來提升免疫力
水煮肉、魚

水煮的肉、魚還有煮汁，是混合食的基礎。
如果放入較大的製冰盒等工具冷凍起來的話，
只要在使用的時候解凍需要的部分即可。

冷凍保存
約1個月

材料

● 喜歡的肉或魚
（魚的頭和內臟會
留存重金屬，建議去除）

調理法

1
在鍋子內放進肉或魚，
加水後開火煮到沸騰，
將肉和魚煮到熟透。稍
微放涼後，用手剝成小
塊，魚要去除骨頭，處
理成容易入口的狀態。

2
連同煮汁一起加進狗糧
中。如果還有剩下，可
放到製冰盒冷凍保存，
之後用微波爐或自然解
凍再使用。

補充維生素和水分並幫助排毒
零碎蔬菜湯

蘿蔔皮、芹菜葉、菠菜根、花椰菜莖等
通常都會丟掉的零碎蔬菜部分，
也能做成優秀的混合食。

冷凍保存
約1個月

材料

● 剩餘的蔬菜或削下
　來的皮等零碎蔬菜
（請排除狗不能吃的蔥
類等蔬菜）

調理法

1

把零碎的蔬菜放進鍋
裡，加水後開火煮到
沸騰。約煮 10 分鐘
左右。

2

關火，用電動攪拌機
連同湯汁一起攪拌，
打成糊狀。

3

放入製冰盒中，冷凍
保存。

4

使用時，只從製冰盒
內取出 1 餐的分量，
可用微波爐或自然解
凍。最後再加入狗糧
中餵食。

加入薯類，用保鮮袋平坦地保存
薯泥

將使用薯類的混合食冷凍起來的話，
在旅行目的地等場合使用就很方便。
食材和湯汁各自冷凍，也可分開使用。

冷凍保存
約1個月

材料

- 馬鈴薯、番薯、
  里芋等薯類
- 喜歡的肉或魚

調理法

1
在鍋子裡放入切成一
口大小的肉或魚，加
水後開火煮到沸騰。
大約煮 10 分鐘左右。

2
煮透後，用篩子把食
材撈起和湯汁分開。

3
把食材放入大碗，用
擀麵棍等工具搗成泥
狀。

4
將 **3** 裝入附有夾鏈的
保鮮袋，然後用刀子
等器具大概畫出線條，
區分一次的分量。

5
將湯汁放入製冰盒，
然後和 **4** 一起放入冷
凍保存。

6
要使用食材部分時，
沿著線分開，只取出
1 份解凍後，再加入
狗糧中餵食。

排出肝臟的毒素！
蜆湯

要養護肝臟，就推薦食用蜆湯。
做好後放入製冰盒冷凍起來，
就是作為手作鮮食水分補充的重要角色。

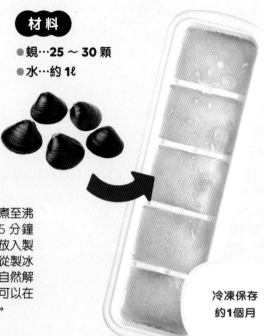

材料

● 蜆…25～30顆
● 水…約1ℓ

調理法

在鍋子裡放入蜆和水，開火煮至沸騰，之後邊撈起浮渣邊煮5分鐘左右。把蜆撈出來，將湯汁放入製冰盒冷凍保存。要用的時候從製冰盒取出1份，可用微波爐或自然解凍。用於製作手作鮮食時，可以在凍湯塊狀態直接加進鍋內煮。

冷凍保存
約1個月

藉由抗氧化作用防止老化
昆布水

將昆布加進水壺，再放進冰箱冷藏保存的話，就可作為狗糧的混合食或手作鮮食的水分補給。也能在製作飼主餐點的昆布湯時發揮作用喔！

冷藏保存
約1週

材料

● 昆布…3～4g
● 水…約1ℓ

調理法

用沾濕的廚房紙巾擦拭昆布，切細後和水一起裝進水壺，再放進冰箱冷藏靜置一晚就完成了。

絕對不能讓狗食用的危險食材

某些食材對人類沒有問題,但是讓狗吃下去的話,
就可能引發中毒症狀。因為其中含有相關的成分。
要確實注意不要讓愛犬誤飲、誤食、或是偷偷吃下去等情況。

蔥類

烯丙基丙基二硫化物這種成分會破壞紅血球,讓引發貧血的可能性變高。但大蒜如果少量的話是可以的。

沒熟的櫻桃、
青梅和它的種子

沒熟的櫻桃和青梅的種子跟皮的部分,含有對狗有害的氰化物。梅雨季節時,狗經常會誤食掉落在路上的青梅,請務必注意。

葡萄、葡萄乾

有可能引發急性腎衰竭的水果。可能出現食慾低落、無精打采、嘔吐腹瀉、腹痛、尿量減少等脫水症狀。

巧克力

可可鹼這種成分會在 1～4 小時內引起嘔吐腹瀉、亢奮、多尿、痙攣等症狀。據說中毒量約是體重 1kg 對 100mg 以上。

青梅常從樹上
掉下來呢!

木糖醇

讓胰島素過度分泌,造成急遽的低血糖狀態。中毒量約是體重 1kg 對 100mg 以上。症狀有嘔吐腹瀉、無精打采、顫抖、異常的流口水狀態等等。

用5色的食材
打造健康餐食

在為愛犬構思對健康有益的餐點時，首先最該留意的，就是營養的均衡。這裡就跟大家介紹從外觀就一目了然、以顏色來挑選食材的方法。無論是手作鮮食或者是做為混合食，都請試著活用看看吧！

5色的食材是什麼？

有意識地在每天的餐食中加入5種顏色，
自然而然地取得均衡的營養。
這是在藥膳的領域也被採用的思維模式。
請配合季節和身體狀況，變化一下色彩的平衡吧。

冬
黑·茶

腎臟·膀胱

● 改善通便
● 淨化血液
● 軟化腫瘤
● 防止老化

在寒冷的冬天，腎臟雖然也會寒涼，但仍是一年中運作最活躍、努力淨化血液的時候。據說膳食纖維和維生素、礦物質豐富的海藻與菇類等帶有茶色、黑色的食材，對於調節腎臟機能，提高生命力和免疫力方面有很大的功效。

秋
白

肺·大腸

● 滋補身體
● 調節血流和
　氣的循環

秋天時，肺部的運作會開始活躍。因為秋天空氣乾燥，也是肺部、氣管、腸子等處的黏膜較容易乾燥的時期。米、小麥食品、乳製品、蔬菜等帶有白色的食材，能夠滋補身體、防止乾燥，讓循環不良的血液和氣都能獲得調節。

五彩繽紛，
外觀也很美麗

春一綠

肝臟・膽囊

- 調節身體的水分
- 排毒
- 放鬆

將冬天累積的老廢物質排出體外的春天，是每年肝臟最活躍的季節。肩負解毒重任的肝臟當然必須要維護。蔬菜或水果等帶綠色的食材擁有較高的排毒效果，而且維生素豐富，可以恢復元氣。同時還有讓心情平靜的效果。

夏一紅

心臟・小腸

- 清熱
- 有助通便
- 解毒
- 去除水分

夏天是心臟運作活躍的季節。可補充動物性蛋白質的肉或紅肉魚等紅色食材的代表，補足血氣，並充實因酷暑而消耗的元氣。此外，很多蔬菜中含有的茄紅素具有抗氧化作用，可期待它預防癌症的效果。

長夏・梅雨一黃

胃・脾臟

- 整頓消化機能，改善腹瀉
- 消除氣力衰退的問題

長夏（夏季與秋季之間）和梅雨是屬於濕氣較重的季節。而且高溫的日子一直持續的話，很容易讓腸胃的狀態變差。雞蛋、穀類、大豆、蔬菜、水果等有帶黃色的食材中有很多對腸胃很好的成分。也能期待它緩解疲勞和疼痛的作用。

餵食的食材
分量和比例

關於食材的分量和比例，要依照體重來決定肉或魚的量，然後用看上去的感覺選擇搭配同等分量的蔬菜。

就像人類的餐點不可能一直都維持完美的營養均衡那樣，不要過於追求完美就是持續下去的訣竅！

食材的比例基準

肉·魚

1

首先，肉或魚的量就請參考右頁的表格來決定。即使是同樣的體重，因應運動量的不同還是要有所變化，因此請視狀況調整餵食。內臟食材請控制在肉整體分量的30%以內。

蔬菜

: 1~2 :

配合肉或魚的量，以調理前的外觀量來抓、而非實際重量。蔬菜量可抓同等或是稍微多一點。如果先前都沒有餵過蔬菜的話，就先從少許開始吧。

水分

日本獸醫師協會推廣的「每日必要水分量」請參考下方公式跟右頁表格。如果一天餵2餐的話，每餐約使用1/3，做成帶湯汁的餐點。

每天該給予的水分量是？

會做出什麼樣的餐點呢？

※ 使用智慧型手機計算機功能計算的話，請開啟功能後把手機橫置，就會出現函數模式。按下「體重（kg）數字」、「x^y」、「0.75」、「x」、「132」後進行計算。

每天必要的水分量（ml）= 體重（kg）的 0.75 次方 X 132

※ 如果體重 5kg，5 的 0.75 次方 X 132 = 441.368…

每天給予的肉、魚、水分的攝取量基準

體重	紅色肉 （牛、馬、羊）	白色肉 （豬、雞）	魚	水分
2 kg	60~65 g	55~60 g	65~70 g	220 ㎖
5 kg	120~130 g	110~120 g	130~140 g	440 ㎖
7 kg	155~165 g	140~150 g	170~180 g	570 ㎖
10 kg	210~230 g	200~220 g	220~240 g	740 ㎖
15 kg	280~300 g	250~270 g	300~320 g	1,010 ㎖
20 kg	345~365 g	310~330 g	380~400 g	1,250 ㎖
25 kg	420~440 g	370~390 g	440~460 g	1,470 ㎖
30 kg	480~510 g	420~450 g	520~550 g	1,690 ㎖
35 kg	530~560 g	480~510 g	570~600 g	1,900 ㎖
40 kg	590~620 g	530~560 g	630~660 g	2,100 ㎖

嘗試製作基礎菜單吧！

本書所推薦的餐點，和人類吃的雜炊飯一樣，只要在鍋中燒好水後放進食材煮就可以了。

請以 10 分鐘左右完成為基準，試著做做看吧。

實際將「範例」的餐點完成，就能在過程中掌握訣竅喔！

※「範例」食譜是體重約10kg，每天餵食2餐時的1餐分量。

綠

紅色的
肉‧魚類

茶‧黑

白

黃

1 選擇 肉、魚

首先選擇當作主食的蛋白質。以肉類為中心，每週約 2～3 餐改換魚，配合季節和愛犬的身體狀況來調配吧。每週的替換方式請參考 P.106。

例

紅色肉、魚類 50%

● 雞胸肉 … 110 g
➡ 或者換狗糧

基本的均衡（以外觀感覺判斷）

肉‧魚類50% +
其他顏色的蔬菜、菇類、海藻

2 選擇 蔬菜

接下來要以當令產物為中心，從蔬菜、菇類、海藻中選擇 2～5 樣左右。除了肉或魚顏色以外的 4 色，都取出跟外觀差不多比例的量，就比較容易取得平衡。也可活用冰箱中現有材料！

例

黃15%
● 南瓜 … 50 g（約4cm塊）

綠12%
● 花椰菜 … 25 g（約1朵）

白12%
● 蘿蔔 … 40 g（約1.5 cm）

茶‧黑 11%
● 舞菇 … 10 g
● 鹿尾菜 … 1小匙

③

將食材切細碎

將配合愛犬身體狀況的食材切細。基本上肉或魚切成一口大小，南瓜等薯類這種可用手捏碎的蔬菜處理成適當大小，根莖類磨成泥，其他的就盡可能切細碎。一邊在鍋中煮水、一邊準備，會更有效率！

例

- 雞胸肉切成一口大小
- 南瓜、花椰菜、
  舞菇、鹿尾菜
  切細碎點
- 蘿蔔磨成泥

④

準備水分

參考 P.40~41 的「每日必要水分量」，如果每天餵食 2 餐的話，就準備約 1/3 的水分。比起硬水，能使用軟水的話更好。也推薦使用 P.35 的蜆湯或昆布水。

例

- 水 … **250㎖**

蔬菜、菇類、海藻
基本上要切得細碎

肉、魚
切成一口大小

根莖類磨成泥

有味道的水
更好喝！

5

烹調肉、魚

水沸騰後，先從肉或魚這種比較難熟的食材開始依序放進鍋裡。青背魚要去除頭部和內臟。淡水魚切大塊。

6

開始加進
比較難熟的蔬菜

從較硬且難煮熟的蔬菜開始放進鍋裡。菠菜之類的蔬菜另外汆燙後再擰出水分、去除草酸後再放進鍋子。

7

容易煮熟的蔬菜
也依序放入

把較軟的蔬菜或菇類、海藻等放入鍋子裡煮。將根莖類磨成泥後再烹煮，就會更有助於消化吸收。

例 將鍋中放入 250 ㎖ 的水煮沸加入雞肉，煮 2～3 分鐘左右。

例 加入南瓜，再煮 2～3 分鐘左右。

例 花椰菜、舞菇、鹿尾菜也放進去，再煮 2～3 分鐘左右。

8
移到容器中稍微放涼，
加入剩餘的食材

食材都煮透後關火，把鍋中料理連同煮汁一起移往容器。可就這樣擺著放涼，趕時間的話可以運用保冷劑等手法冷卻。等到稍微放涼後，把蘿蔔泥等含有不耐熱營養素食材加進去。

例

移到容器稍微放涼後，加入蘿蔔泥。

好想趕快吃到～

9
用手拌勻後
即可餵食

將整體拌勻後就完成了。即使食量小或食慾不振，但只要經過飼主的手，很少狗會不吃的。手上有大量的常在菌以及飼主蘊含其中的心情，因此狗糧也推薦大家用手去拌。

Finish!

顏色漂亮，感覺很好吃！

摻進狗糧裡的時候

將肉或魚的一部分或是全部以狗糧替換，讓混合食作為點綴也沒有問題。如果混合食看上去的分量佔整體的1成以下，請加上平時分量的狗糧，若是2～3成左右，請將狗糧減少一點。

45

以當令食材為中心,準備因應季節、
聚焦在養護這個重點的鮮食或混合食吧!
在排出毒素的春天,使用了排毒力高的馬鈴薯、芹菜,
來搭配富含維生素的豬肉。

春天帶苦味的
蔬菜正好吃

春天的食材選擇重點 ➡️

綠色多

在這個每年肝臟最活躍的季節，照顧肝臟是必做的課題。而且這時比較有機會接種狂犬病疫苗或綜合疫苗，因而讓肝臟多了代謝藥物的工作。在餐食中加入排毒效果好、帶有苦味的綠色蔬菜，好好地養肝吧！

例如這種食材

西洋菜、山茼蒿、
油菜、芹菜、
高麗菜　等等

材料

(體重約10kg，每天2餐的1餐分量)

- ●水（或是蜆湯〈參考P.35〉）
  … **250㎖**

綠 30%

- ●高麗菜 … **30 g**（約1片）
- ●芹菜 … **25 g**（約4㎝）

白 10%

- ●馬鈴薯
  … **45 g**（約中型1/2個）

茶·黑 5%

- ●蘑菇 … **10 g**（約1個）

紅色肉·魚類 50%

- ●豬腿肉 … **110 g**
- ➡或者換狗糧

紅 3%

- ●紅棗 … **2個**
- ➡不放也OK

黃 2%

- ●乾燥薑粉
  … 掏耳勺大小**1匙**
- ➡沒有的話可換肉桂粉

調理法

1　將豬腿肉、高麗菜、芹菜、蘑菇等切細碎，馬鈴薯磨成泥。

2　在鍋中加入水（或蜆湯）和紅棗，煮至沸騰。

3　在2中加入1和乾燥薑粉，煮7～8分鐘左右，確實煮透。

4　從3中取出紅棗，去除果核後再放回鍋子。

5　移到容器中，稍微放涼，最後用手拌勻就完成了。

以春天的鰹魚為主，富含蛋白質、維生素 B 群、
牛磺酸、鎂、鐵質等。
特別是牛磺酸，對於希望在春天養護的肝臟來說
可期待提升機能的效果。

也能預防貧血

材料

（體重約10kg，每天2餐的1餐分量）

● 水（或是蜆湯〈參考P.35〉）
　… **250㎖**

綠 30%

● 山茼蒿 … **20 g**（約2株）

茶・黑 5%

● 舞菇 … **10 g**

紅色肉・魚類 50%

● 鰹魚（生魚片用）… **120 g**
➡ 或者換狗糧

白 10%

● 牛蒡
　… **15 g**（約4cm）

黃 5%

● 碎粒納豆 … **1小匙**

調理法

1 將鰹魚切成一口大小。山茼蒿、舞菇切細碎。牛蒡磨成泥。

2 在鍋中加入水（或蜆湯），煮至沸騰。

3 在2中放入1的山茼蒿、舞菇、牛蒡，煮7～8分鐘左右，確實煮透。

4 移到容器中，稍微放涼，加入1的鰹魚，用手拌勻。最後放上碎粒納豆就完成了。

魚也很好吃呢！

其他想在春季選用的食材

用帶有甘味的當季蔬菜
支援消化器官的運作

春天也是腹部容易鬆弛的季節。帶有甘味的當季蔬菜能夠溫和地支援胃腸等消化器官，所以將這類蔬菜煮到軟化，然後再作為混合食加進平時的狗糧中也是可以的！

例如這種食材

蘆筍、紅蘿蔔、高麗菜、
蠶豆、荷蘭豆 等等

狗的身上覆蓋著體毛，非常不耐濕氣的考驗。
而且，如果高溫的日子持續下去的話，腸胃的狀況
也容易變差。所以就用保護腸胃，
又具有利水作用的食材來因應濕氣和炎熱吧。

偶爾吃吃肉和魚
之外的食材

梅雨季的食材選擇重點 黃色多

黃色的食材很多都含有大量的膳食纖維。膳食纖維會成為腸道中好菌的食物，可期待它協助整頓腸道環境的效果。讓消化活動順暢地進行，腸胃狀況也會好轉，還能讓腸子稍微歇息一下。

例如這種食材

栗子、南瓜、大豆、玉米、蛋黃、燕麥片　等等

材料

(體重約10kg，每天2餐的1餐分量)

- ●水
  … **250**㎖

綠 10%

- ●蘆筍
  … **20 g**（約**1**條）

紅 5%

- ●小番茄
  … **20 g**（約**2**個）

茶·黑 5%

- ●鴻喜菇
  … **15 g**（約**1/6**包）

白 15%

- ●豆漿 … **50** ㏄

黃 65%

- ●雞蛋 … **1**個
- ●玉米帶鬚
  … 含芯**45 g**
  （約**1/6**根）
- ●燕麥片 … **20 g**
- ●檸檬
  … 薄切圓片**1**片

調理法

1 將蘆筍、鴻喜菇、小番茄（有些狗會對種子過敏，擔心的話可以去除種子）切細碎。玉米取下玉米粒和鬚，也切細碎，芯先放著備用。雞蛋將蛋白、蛋黃分開。

2 在鍋中加入水和**1**的玉米芯，煮至沸騰。

3 在**2**中加入**1**的蘆筍、鴻喜菇、小番茄、玉米粒和鬚、燕麥片，煮**5～6**分鐘左右，確實煮透。

4 將玉米芯從**3**中取出，加入**1**的蛋白和豆漿，再煮到滾。

5 移到容器中，稍微放涼，加入**1**的蛋黃和檸檬片，用手拌勻後就完成了。

在心臟運作活躍的夏天，會因為酷暑導致體力消耗，
所以就用含有高蛋白質的馬肉來補充元氣吧！
配合富含維生素 C 和鉀的夏季蔬菜、苦瓜等，
還能排出多餘的水分和熱。

馬肉也有讓
身體降溫的效果

夏天的食材選擇重點 → 紅色多

在紅色食材的代表、含有動物性蛋白質的肉或魚等食材中，蘊含著大量打造身體所需的重要營養素。為了滋補身體被酷暑消耗的元氣，紅色的蛋白質食材是必備的。此外，紅色食材中也含有很多茄紅素，對於抗氧化是有幫助的。

例如這種食材

牛肉、羊肉、鹿肉、肝、鮪魚、鰹魚、紅蘿蔔、番茄 等等

材料

(體重約10kg，每天2餐的1餐分量)

●水（或是昆布水〈參考P.35〉）
　… **250㎖**

綠 10%
●苦瓜 … **40 g** （約1/8條）

紅 20%
●番茄 … **60 g** （約中型1個）

黃 2%
●肉桂粉
　… 掏耳勺大小**2匙**
●味噌 … 掏耳勺大小**1匙**

紅色肉·魚類 50%
●馬肉（生食用、冷凍）
　… **110 g**
➡沒有的話可換
　牛肉、羊肉
➡或者換狗糧

茶·黑 8%
●海蘊 … **1大匙**

白 10%
●優格 … **1大匙**

調理法

1 將苦瓜、海蘊切細碎。番茄去掉種子，也切細碎。

2 在鍋中加入水（或昆布水），煮至沸騰。

3 在2中加入1和肉桂粉、味噌，煮7～8分鐘左右，確實煮透。

4 在容器中放入冷凍的馬肉，然後用淋上3解凍
　（馬肉已經解凍的場合，就等3稍微放涼後再淋上）。

5 稍微放涼後，加進優格，用手拌勻後就完成了。

用了整條
營養豐富的香魚

初夏時節，當令的香魚被譽為是「河魚之王」，富含維生素。
可期待促進血液循環、擴張末梢血管的功效，
適合吹冷氣導致的體內深層和四肢冰冷等問題。

材料

（體重約10kg，每天2餐的1餐分量）

●水（或是昆布水〈參考P.35〉）
　… **250**㎖

茶・黑 5%

●和布蕪 … 1大匙

白 10%

●白花椰菜
　… **30** g （約1朵）

綠 10%

●黃麻菜 … **10** g （約2株）

紅 15%

●紅椒
　… **10** g （約1/4個）

黃 10%

●紅蘿蔔 … **20** g （約2㎝）
●生薑 … 少許

白色肉・魚類 50%

●香魚 … **120** g （約1條）
➡沒有的話可換
　鮪魚、鰹魚
➡或者換狗糧

調理法

1 將整條香魚切成大塊。紅椒、黃麻菜、白花椰菜、和布蕪等切細碎。生薑磨成泥。

2 在鍋中加入水（或昆布水），煮至沸騰。

3 在2中加入1，煮7～8分鐘左右，確實煮透後，將紅蘿蔔磨成泥放入。

4 移到容器中，稍微放涼後，用手拌勻就完成了。

其他想在夏季選用的食材

使用有利尿作用，鉀含量豐富的食材

夏天時，熱氣和濕氣容易在體內累積，是容易引發食慾不振和胃腸不適的季節。藉由多多攝取能讓多餘的熱冷卻，並排出不必要水分的食材，試著在炎夏中好好照顧身體吧。

例如這種食材

小黃瓜、豆芽菜、冬瓜、
西瓜、苦瓜、青椒、
玉米鬚 等等

當夏季的炎熱減緩、稍微能喘口氣的時候，
就是肺開始積極運作的時間了。因為肺不耐乾燥
所以可攝取保水力佳的山藥或蓮藕來進行保養。
另外還能搭配富含可保護黏膜的維生素 A 的雞胸肉。

柴魚片能夠
排出草酸

秋天的食材選擇重點 ➡ 白色多

秋天的空氣乾燥，也是小狗們的肺部、氣管、腸子等處的黏膜容易乾燥的時期。如果黏膜乾燥，就容易感染疾病，讓各個臟器機能減弱，糞便也會變得過硬，總之容易出現各種毛病。這時可用能滋潤身體的白色食材，進行滋補保養。

例如這種食材

雞肉、白身魚、梨子、
蘿蔔、蕪菁、山藥、蓮藕、
豆腐、白芝麻 等等

材料

(體重約10kg，每天2餐的1餐分量)

● 水（或是昆布水〈參考P.35〉）
  ⋯ **250㎖**

綠 10%

● 菠菜 ⋯ **10 g** (約2株)

茶·黑 10%

● 金針菇 ⋯ **20 g**
● 柴魚片 ⋯ 一小撮

黃色肉·魚類 50%

● 雞胸肉 ⋯ **110 g**
➡ 或者換狗糧

白 30%

● 山藥
  ⋯ **45 g** (約2 cm)
● 蓮藕
  ⋯ **25 g** (約1.5 cm)

作り方

1 將雞胸肉切成一口大小。菠菜、金針菇切細碎（曾經有草酸鈣結石問題的狗，請不要使用菠菜，或是先汆燙去除草酸）。蓮藕磨成泥。

2 在鍋中加入水（或昆布水），煮至沸騰。

3 在2中加入1，煮7～8分鐘左右，確實煮透。

4 移到容器中，稍微放涼後，將山藥磨成泥放入，加入柴魚片，最後用手拌勻就完成了。

因為是
食慾之秋嘛！

鱈魚這種白肉魚擁有讓血液暢通的效果，
而且含有豐富的維生素 A。
將里芋也一起放進去，
能滋潤、保護入秋後容易乾燥的肺部和氣管、腸子等處黏膜。

秋天也要有
充足水分

58

材料

（體重約10kg，每天2餐的1餐分量）

●水（或是昆布水〈參考P.35〉）
　… **250㎖**

茶·黑 **10%**

●香菇 … **15 g**（約1朵）

白色肉·魚類 **50%**

●鱈魚 … **120 g**
➡ 或者換狗糧

綠 **5%**

●青江菜 … **20 g**（約1片）

黃 **10%**

●紅蘿蔔 … **20 g**（約2㎝）
●蘋果醋 … **1/2小匙**

白 **25%**

●里芋 … **45 g**（約1個）
●白芝麻粉 … 一小撮

調理法

1 將鱈魚去骨。青江菜、里芋、香菇切細碎。紅蘿蔔磨成泥。

2 在鍋中加入水（或昆布水），煮至沸騰。

3 在**2**中加入**1**，煮7～8分鐘左右，確實煮透。

4 移到容器中，稍微放涼後，加入蘋果醋、白芝麻，最後用手拌勻就完成了。

其他想在秋季選用的食材

準備迎接冬天的能量儲備

秋天是將在夏天消耗掉的體力與氣力取回來的季節。推薦加入能補充氣力和體力、具備滋補強健效果的食材。請為了即將到來的冬天，把能量儲備起來吧。

例如這種食材
馬鈴薯、里芋、番薯、南瓜、山藥、白米、紅蘿蔔 等等

溫暖身體的羊肉！

進入突然急遽變冷的季節，腎臟雖然變得寒涼，
但這時是它每年最活躍的時段，所以依然努力地淨化血液。
同時這也是腎臟開始儲備迎接春天能量的時期，
所以在餐食中加入脂質較多的羊肉等食材。

冬天的食材選擇重點 ➡️  茶·黑色多

據說黑色的食材能整頓腎臟，擁有提高生命力和免疫力的作用。在氣溫驟降的冬天，流向腎臟的血液循環會比較不順。所以要支持腎臟這個生命之源，神采奕奕地迎接春天。此外，這類食材也富含讓骨頭更強健的鈣質和維生素 D。

例如這種食材

黑芝麻、海苔、
海蘊、鹿尾菜、
菇類、牛蒡　等等

材料

（體重約10kg，每天2餐的1餐分量）

- 水（或是蜆湯〈參考P.35〉）
  … **250㎖**

茶·黑 13%

- 杏鮑菇
  … **15 g**（約1/2根）
- 海苔 … 適量

※乾海苔有沾附到氣管的風險，如果要混入狗糧中的話，請切得細碎點，或者不要使用。

白 12%

- 蕪菁根 … **50 g**（約1/2個）

綠 10%

- 蕪菁葉 … **10 g**（約2片）

紅色肉·魚類 50%

- 羊肉 … **120 g**
  ➡可換成牛肉
  ➡或者換狗糧

黃 15%

- 南瓜
  … **45 g**（約3cm塊）

調理法

1 將羊肉切成一口大小。南瓜、蕪菁葉、杏鮑菇切細碎。蕪菁的根磨成泥。

2 在鍋中加入水（或蜆湯），煮至沸騰。

3 在2中加入1，煮7～8分鐘左右，確實煮透。

4 移到容器中，稍微放涼後，加入碎海苔，最後用手拌勻就完成了。

能量在
冬天很重要！

被譽為海中牛奶、擁有高營養價值的牡蠣，
是會希望在冬天到春天之間多多利用的食材。
沙丁魚中含有 EPA 和 EHA，可期待它幫助
過濾血液的腎臟減輕負擔的效果。

將晚餐的牡蠣
分出來吧！

材料 (體重約10kg,每天2餐的1餐分量)

● 水 (或是蜆湯 〈參考P.35〉) … **250㎖**

綠 2%
● 紫蘇葉 … **1片**

紅 3%
● 紅豆粉 … **1小匙**
➡不放也OK

黃 15%
● 番薯 … **30 g** (約1/6個)

茶·黑 15%

● 秀珍菇
　 … **20 g** (約2根)
➡沒有的話可換
　 舞菇、香菇
● 鹿尾菜 … **1大匙**
● 黑芝麻粉 … **1小撮**

黑色肉·魚類 50%

● 沙丁魚 … **120 g** (約1條)
● 牡蠣 … **1個**
➡或者換狗糧

白 15%

● 白菜 … **50 g** (約1/2片)

調理法

1 切掉沙丁魚的頭、去除內臟,掰開身體將魚身跟骨頭分開、魚身切成一口大小。番薯、白菜、秀珍菇、鹿尾菜切細碎。

2 在鍋中加入水 (或蜆湯),煮至沸騰。

3 在**2**中加入**1**和牡蠣,煮7~8分鐘左右,確實煮透。

4 從**3**中取出沙丁魚的骨頭,將還附著在骨頭上的肉用手剝下來,放入鍋中。

5 移到容器中,稍微放涼後,加入切細碎的紫蘇葉、紅豆粉、黑芝麻粉,最後用手拌勻就完成了。

其他想在冬季選用的食材

寒涼是萬病根源,
請從深部開始溫熱維護

越接近冬天氣溫也越低,伴隨而來的就是身體容易寒涼。寒涼可說是萬病的根源,為了不要讓它成為不適和疾病的導火線,請活用能從深部溫熱身體的食材,以及能促進血液循環的食材吧

例如這種食材
肉桂粉、紫蘇葉、蕪菁、
甜菜、南瓜、甜酒、薑、
羊肉　等等

體毛 變得 毛躁！

有時稍微的不適或變化，很可能就是疾病的開始。觀察愛犬的身體狀況，試著變換看看 5 色食材的均衡。

如果體毛變得毛躁，可以運用雞翅膀、肝、心，再搭配較多的白色或綠色的食材。

白色多

白色的食材，能從體內滋潤，防止乾燥、調節受阻不順的血液和氣的循環。攝取有保水力的食材，讓水分遍及全身後，體毛也會被滋潤。

例如…
蘿蔔、蕪菁、蓮藕、山藥、白芝麻、葛粉　等等

綠色多

體毛會毛躁，也有可能是身體新陳代謝變差所導致的。含有豐富維生素的綠色食材，擁有很高的排毒效果，據說能促使皮膚的周轉，增進新陳代謝。

例如…
高麗菜、菠菜、小松菜、芹菜等等

材料 （體重約10kg，每天2餐的1餐分量）

●水 … **250ml**

綠 15%

●小松菜
　… **25 g**（約2～3片）

白 35%

●蘿蔔 … **50 g**（約1.5cm）
●山藥 … **50 g**（約2cm）
●白芝麻粉 … **1/2小匙**

黃色肉・魚類 50%

●雞翅膀 … **100 g**（約2支）
●雞肝 … **30 g**
➡或者換狗糧

+a

●亞麻薺籽油
　… **1/2小匙**
➡沒有的話可換
　大麻籽油、亞麻籽油

其他的重點

也要攝取抑制過敏的
α-亞麻酸

在脂質中受到矚目的 Omega-3 脂肪酸之中，有植物萃取的 α-亞麻酸、青背魚蘊含豐富的 DHA、EPA 等 3 種。特別是 α-亞麻酸擁有抑制過敏、調節血壓、預防血栓等效果，也推薦用於體毛保養。

核桃

亞麻籽油
荏胡麻油

大豆

用雞翅膀
補充膠原蛋白

調理法

1 將雞肝切成一口大小。
山藥、小松菜切細碎。

2 在鍋中加入水，煮至沸騰，
放入1的雞肝煮5分鐘左右。

3 在2中加入1的山藥和小松菜，
稍微煮一下。

4 移到容器中，稍微放涼後，
將生的雞翅膀（整支，或是連同骨頭分切）
、亞麻薺籽油、白芝麻粉加進去，
將山藥磨成泥放入，最後用手拌勻就完成了。

※煮熟的骨頭很危險，如果雞翅膀不去骨的話，
請使用生的雞翅膀。

尿液又濃又臭

尿液變濃的時候，
很可能是因為體內必要的水分不足的關係。
請透過餐食或點心的湯品、牛奶補充水分，
再以礦物質和水分含量豐富的蔬菜來保養吧！

白色多

葫蘆科的蔬菜和薯類等可期待它們的利尿效果，所以讓礦物質豐富的白色食材多一點。

例如⋯

冬瓜、豆芽菜、白花椰菜、
里芋　等等

綠色多

因為歸根究柢可能是體內水分不足的關係，所以可多多攝取水分豐富的綠色蔬菜。

例如⋯

小黃瓜、萵苣、白菜、
青江菜　等等

茶・黑色多

黑色的海藻類含有豐富礦物質鉀，可期待支援腎臟機能的效用。

例如⋯

鹿尾菜、海蘊、海苔等海藻類、
蘑菇　等等

材料

（體重約10kg，每天2餐的1餐分量）

● 水 ⋯ 250㎖

綠 20%

● 小黃瓜
　⋯ 50 g　（約1/2條）

茶・黑 5%

● 鹿尾菜 ⋯ 1大匙
● 蘑菇 ⋯ 15 g　（約1個）

紅色肉・魚類 50%

● 鯵魚 ⋯ 120 g　（約2小條）
➡ 或者換狗糧

白 25%

● 白花椰菜
　⋯ 30 g　（約1朵）

其他的重點

減少蛋白質的量，
並且讓蔬菜多一點

碰到尿液變濃又變臭的情況，就把主要蛋白質或狗糧減少 15% 左右，讓蔬菜量多一點。若是糞便變軟、還出現沒消化的蔬菜的話，就將蔬菜打成糊狀，減量調整再觀察看看。

蛋白質或狗糧
減少 **15%** 左右

增加蔬菜的量

> 舒暢解放
> 真是爽快呀！

調理法

1 將鯵魚去骨分成 **3** 片，再切成一口大小。
白花椰菜、蘑菇、鹿尾菜切細碎。

2 在鍋中加入水，煮至沸騰，
放入鯵魚和中骨，煮**7～8**分鐘左右。

3 從 **2** 中取出中骨，將還附著在骨頭上的肉
用手剝下來，放入鍋中。

4 在 **3** 中加入**1**的白花椰菜、蘑菇、鹿尾菜，
再煮**3～4**分鐘左右。

5 移到容器中，稍微放涼後，將小黃瓜磨成泥放入，
最後用手拌勻就完成了。

經常在放屁

一般認為常放屁的原因有很多種，但不管怎麼說，
大多是氣體在腸道內累積的不健康狀態。
這也會成為導致身體狀況惡化的要因。
所以請藉由飲食，好好地將腸道環境整頓和保養一番吧！

白色多

使用發酵食品或膳食纖維豐富的食品等白色食材，調整好菌和壞菌的平衡，可讓腸道環境正常化。

例如…

里芋、寒天、
優格 等等

黃色多

能成為好菌的食物、培育好菌的水溶性膳食纖維很豐富的黃色食材，請務必多多攝取。

例如…

納豆、大麥、燕麥片、
橘子、鳳梨 等等

茶・黑色多

歸在黑色食物的海藻類普遍富含水溶性膳食纖維，作為混合食點綴非常方便好用。

例如…

和布蕪、海蘊、
昆布等普遍的海藻類

材料

（體重約10kg，每天2餐的1餐分量）

● 水 … 250㎖

● 茶・黑 5%

● 和布蕪 … 1大匙

● 白 30%

● 優格 … 1大匙
● 里芋 … 45g（約1個）

● 黃 15%

● 碎粒納豆
… 1小匙

白色肉・魚類 50%

● 西太公魚 … 120g
➡ 可換成
鮭魚
➡ 或者換狗糧

其他的重點

以發酵食品和膳食纖維
調整腸道細菌的平衡

放屁的原因有：吃太快導致吸入過多空氣、膳食纖維攝取太多、吃太多壞菌喜歡的肉或魚、壓力等等。建議加入適量的膳食纖維和好菌喜歡的發酵食品，配合適量的蛋白質和適度散步運動來養護。

味噌

起司

柴魚片

甜酒

健康時
也會放屁喔

調理法

1 將里芋的皮洗乾淨，
   連皮切成圓片，
   和布蕪切細碎。

2 在鍋中加入水，煮至沸騰，
   放入西太公魚和1的里芋，
   煮到里芋軟化為止，
   大約5～6分鐘左右。

3 移到容器中，稍微放涼後，
   放入1的和布蕪跟優格，用手拌勻。
   最後擺上碎粒納豆就完成了。

感覺變胖了

如果變胖的話，會增加肝臟的工作量，對心臟和關節也會造成負擔，讓身體承受更龐大的負荷。

請用高蛋白、低脂肪的飲食來提升新陳代謝的能力，配合適度的運動，打造出不容易發胖的體質吧！

茶・黑色多

膳食纖維、維生素、礦物質豐富的海藻類和菇類等茶、黑色的食材，據說能調節體內循環。促進通便、活化血液循環，打造出不容易發胖的體質。

例如…

鹿尾菜、和布蕪、海苔等普遍的海藻類、舞菇、鴻喜菇等菇類

綠色多

綠色蔬菜中有富含和蛋白質、脂質、醣類的代謝相關的維生素 B 群以及 C 的水溶性維生素。和蛋白質一起攝取，可以增進身體的肌肉量，提高基礎代謝、燃燒脂肪。

例如…

青椒、苦瓜、花椰菜、荷蘭豆、小松菜、高麗菜等等

材料 （體重約10kg，每天2餐的1餐分量）

●水 … 250㎖

綠 15%

●青椒
　… 50 g （約1個）

茶・黑 10%

●鴻喜菇 … 20 g （約1/5包）
●海蘊 … 1大匙

紅色肉・魚類 50%

●馬肉（生食用、冷凍）… 120 g
➡沒有的話可換
　雞胸肉
➡或者換狗糧

白 25%

●豆腐 … 35 g （約1/10塊）
●豆芽菜 … 20 g （約1/10袋）

●乾燥薑粉
　… 掏耳勺大小1匙

+a

其他的重點

以低脂肪的肉和 增量食材降低卡路里

選擇馬肉或鹿肉、雞肉搭配雞胗等低脂肪的肉類組合，可以降低卡路里。也推薦使用豆腐、豆渣、豆芽菜等用於增量的食材。乾燥薑粉可以促進循環，提升代謝力，所以可以每天餵食少量看看。

馬肉

雞肉

鹿肉

雞胗

也別忘記要
適度運動喔！

調理法

1 將豆腐切成一口大小。
青椒、豆芽菜、鴻喜菇、
海蘊切細碎。

2 在鍋中加入水，煮至沸騰，
放入1和乾燥薑粉，
煮3～4分鐘左右。

3 在容器中放入冷凍的馬肉，
然後用淋上2解凍
（馬肉已經解凍的話，
就等2稍微放涼後再淋上）。

4 稍微放涼後，
用手拌勻就完成了。

實踐篇2 ● 用5色的食材打造健康餐食　71

胖不起來，還變瘦了

身材太瘦、怎麼也胖不起來的時候，即使有吃東西，
也存在著營養無法充分吸收的可能性。

再運用膳食纖維等整頓腸道環境的同時，
也要用紅色肉、魚類和碳水化合物來打造強健的身體。

紅色肉·魚類多

為了均衡且健康地長肉，
就要確實地攝取能打造肌
肉、溫暖身體的紅色肉和
魚類。除了這些再配合適
度的運動，就能打造出勇
健的身體。

例如…

牛肉、鹿肉、羊肉、鴨肉、
鮭魚、鰹魚、鰤魚、
鯖魚　等等

黃色多

要解決過瘦的問題，必須
打造讓腸道活動活性化、
能確實吸收吃下的營養的
環境。請多多食用膳食纖
維豐富的黃色蔬菜，好好
照顧自己的腸胃吧。

例如…

南瓜、番薯、
納豆　等等

材料 （體重約10kg，每天2餐的1餐分量）

● 水 … 250㎖

綠 5%

● 花椰菜芽
　… 2 g （約20株）

白 5%

● 白粥 … 1大匙

紅色肉·魚類 50%

● 鮭魚 … 120 g （約1又1/2片）
➡ 或者換狗糧

黃 40%

● 番薯
　… 40 g （約1/6個）
● 碎粒納豆 … 1小匙

+a　 ● 益生菌

其他的重點

用少量的碳水化合物
增進吸收力

藉由加入碳水化合物，能夠讓促成脂肪累積的胰島素分泌。可稍微添加一點方便消化的稠稠白粥和煮透的烏龍麵等食物看看。補充益生菌來整頓腸道環境也是一種選擇。

白粥

烏龍麵

太瘦的話
也不好喔！

調理法

1 將鮭魚、番薯
   切成一口大小。

2 在鍋中加入水，
   煮至沸騰，將1放入，
   煮5～6分鐘左右。

3 移到容器中，稍微放涼後，
   放入白粥、花椰菜芽，
   加入益生菌後用手拌勻。
   最後擺上碎粒納豆就完成了。

※白粥可以先做好一些，冷卻後放入製冰盒等器具分成小份，冷凍保存起來備用，就會很方便。在鍋子內放入1/2合的米和600～800ml的水，蓋上鍋蓋後，蓋子稍微移開一些，用小火煮30分鐘左右就完成了。使用電子鍋的煮粥模式也OK。

總是在吃草

身心都很健康的狗，是不太會去吃草的。

狗會想要吃草的原因，一般認為是壓力、腸胃不適等多方問題所導致。

首先為牠們調節胃酸的分泌是很重要的課題。

白色多

白色食材中含有的食物酵素，可以提高腸胃的機能，適當地調節胃酸分泌量。

例如…

蘿蔔、山藥、甜酒、生薑 等等

綠色多

擅長分解蛋白質的酵素含量豐富，可促進胃酸分泌的綠色蔬菜，也請積極地列入食材吧。

例如…

高麗菜、木瓜、奇異果 等等

A 只要是草就什麼都吃的情況

➡ 增加茶・黑色

無論是什麼草都吃的情況下，可能是胃酸過多的問題。請加入能抑制胃酸分泌並中和的黑色食材。

B 只會挑尖狀草來吃的情況

➡ 增加綠色

只會挑禾本科的尖狀草來吃的情況下，可能是胃酸不足導致胃熱。請加入能促進胃酸分泌的綠色食材。

材料 （體重約10kg，每天2餐的1餐分量）

- 水 … **250㎖**

綠 **35%**

- 高麗菜 … **50 g** (約2片)
- 奇異果 … **40 g** (約1/2個)

紅色肉・魚類 **50%**

- 脂肪少的豬絞肉 … **110 g**
- ➡ 或者換狗糧

白 **15%**

- 蘿蔔 … **70 g** (約2㎝)

A 茶・黑
- 昆布 … 約2×2㎝
- 舞菇 … **15 g** (約1/9包)

B 綠
- 紫蘇葉 … **1片**

+a
- 梅干 … 小指指甲大小

其他的重點

胃的狀況不好時，
這些食物最好要控制

交感神經活躍運作時，胃酸分泌就會減少；副交感神經運作較強時，胃酸分泌就會增加。無論是哪個狀況，當胃部不舒服時，牛蒡、蓮藕、豆渣、番薯、紅肉魚、海藻類、大豆等食物最好都要控制攝取。

牛蒡　番薯　紅肉魚　海藻

無論哪種感覺都好好吃！

調理法

1 將豬絞肉捏成**2cm**大小的肉丸。
奇異果切成一口大小。高麗菜切細碎。

2 在鍋中加入水，煮至沸騰，
放入1的肉丸和高麗菜，
煮**5～6**分鐘左右。

A

B

 A 的狀況

3 加入舞菇、昆布，再煮煮**2～3**分鐘左右。

4 移到容器中，稍微放涼後，取出昆布。
放入1的奇異果、蘿蔔也磨成泥放入，最後用手拌勻就完成了。

B 的狀況

3 將2移到容器中，稍微放涼後，放入1的奇異果和切細碎的紫蘇葉，
並加入梅干、蘿蔔也磨成泥放入，最後用手拌勻就完成了。

實踐篇2 ● 用5色的食材打造健康餐食　　75

糞便會軟軟的

季節更替期或吃得太多、壓力等，
都會成為軟便甚至腹瀉的原因。
這時請一邊幫愛犬補充水分、一邊照顧腸胃吧。
如果持續嚴重的腹瀉，請一定要送去看醫生。

白色多

造成軟便和腹瀉的原因有很多種，但不管怎麼說，保護腸道黏膜都是很重要的事。白色食材可促進消化吸收、也有調整腸道黏膜的效果，請積極地放入餐點中吧。

例如…
優格、香蕉、葛粉、豆腐、蘋果、馬鈴薯　等等

黃色多

黃色的肉、魚類或其他食物對腸胃很溫和，據說有很多能幫助腸道黏膜修復的食材。特別是蘋果醋，是可以讓腸胃虛弱的狗每天以混入食物的方式，少量攝取的食品。

例如…
雞蛋、雞胸肉、蘋果醋　等等

材料　(體重約10kg，每天2餐的1餐分量)

● 水 … **250㎖**

黃色肉‧魚類 60%

● 雞胸肉 … **100 g**（約2條）
● 雞蛋 … **1顆**
➡ 或者換狗糧

白 35%

● 蘋果 … **50 g**（約1/4個）
● 葛粉 … **1大匙**

黃 5%

● 蘋果醋 … **1小匙**

其他的重點

脂肪多的肉、魚和在腸道內容易發酵的蔬菜請節制

若出現黏液便或有些腹瀉狀況等問題,請盡可能選擇容易消化的食材,讓愛犬便於消化食物。脂肪多的肉或魚,及容易在腸道發酵的蔬菜控制在 2 ～ 3 日內供餐,先不要使用難消化的海藻類、玄米。

 玄米

 難消化的海藻

 脂肪多的肉、魚

 在腸道內容易發酵的蔬菜（高麗菜、番薯、豆類）

> 好像雜炊喔～

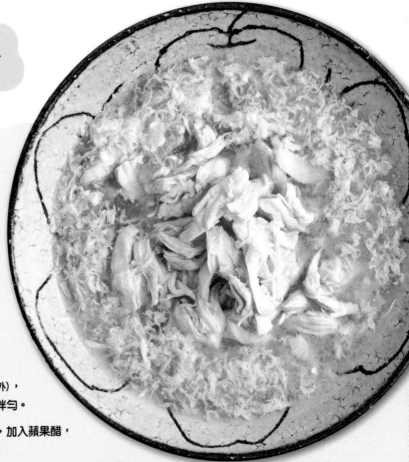

調理法

1 將雞蛋蛋液打散,再將蘋果磨成泥放入。

2 在鍋中加入水,煮至沸騰,放入雞胸肉,煮5～6分鐘左右。

3 在2中加入1,再煮3分鐘左右,確實煮透。

4 在鍋中留下一些煮汁,內容食材先移到容器中。將葛粉溶於同分量的水（食譜分量外）,煮至沸騰後再倒入煮汁,快速地拌勻。

5 將4也移到容器中,稍微放涼後,加入蘋果醋,最後用手拌勻就完成了。

糞便又乾又硬

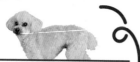

有便秘的感覺或是排出的糞便較硬的時候，
就表示身體缺少水分、腸道環境也偏乾燥了。
如果便秘狀況持續下去，壞菌就會增加，讓腸道環境惡化。
這時要運用適度的水分和膳食纖維，讓糞便軟化！

茶‧黑色多

不溶於水、吸收水分會膨脹的非水溶性膳食纖維，在缺少水分時會增加糞便的量，刺激腸道活動促進通便。在茶色食材裡有不少含有較多非水溶性膳食纖維的菇類等。

例如…

香菇、舞菇、鴻喜菇、杏鮑菇、蘑菇、黑木耳、牛蒡　等等

綠色多

綠色食材中，有很多蔬菜富含能刺激腸道並幫助排便的非水溶性膳食纖維。把這些多多放進餐食，漸漸就能讓排便問題轉好。

例如…

秋葵、蠶豆、菠菜、山茼蒿、花椰菜、苦瓜、小松菜、蘆筍、青椒　等等

材料

(體重約10kg，
每天2餐的1餐分量)

● 水 … 250㎖

茶‧黑 20%

● 牛蒡 … 20 g（約4㎝）
● 黑木耳 … 10 g（小1片）

+a

● 柴魚片 … 1小撮

綠 30%

● 毛豆 … 20 g（約7條）
● 秋葵 … 10 g（約1條）
● 菠菜 … 6 g（約2片）

白色肉‧魚類 50%

● 鯊魚 … 120 g
➡ 沒有的話可換
　 鱈魚、旗魚
➡ 或者換狗糧

其他的重點

用黏稠的黏液素來 滋潤腸道黏膜

對於糞便變硬的狀況，每天攝取黏稠的食材來滋潤腸道的黏膜也是有效的。在每天的餐食中加入富含黏液素的食材，可期待它保護黏膜並進行修復，還能讓保水力有所提升的效果。

秋葵

納豆

山藥

和布蕪

滋潤也是
很重要的呢~

調理法

1 將鯊魚切成一口大小。
黑木耳、菠菜、秋葵切細碎
（曾經有草酸鈣結石問題的狗，
請不要使用菠菜，或是先汆燙去除草酸）。

2 將毛豆從豆莢中取出。牛蒡磨成泥。
在鍋中加入水，煮至沸騰，
放入1的鯊魚、黑木耳、菠菜、毛豆、牛蒡，
煮5～6分鐘左右。

3 在2中加入秋葵，稍微煮一下。

4 移到容器中，稍微放涼後，加入柴魚片，
最後用手拌勻就完成了。

各顏色的推薦食材事典

這裡會從 5 色的食材裡頭，
介紹便於用在小狗餐食、營養又豐富的推薦食材。
請將它們輪替著運用吧！

紅色食材

能夠補血的紅色動物性蛋白質，是希望太瘦弱的孩子們能夠多攝取的食材。此外，在紅色蔬菜中富含的紅色色素裡，有著許多都很高的抗氧化作用。特別在夏季，請多吃一些紅色的食材吧！

肉・魚類

牛肉

腿肉、肩肉、里脊的脂肪較少

腿肉和肩肉的脂肪比較少，維生素也很豐富。低脂的里脊含有高蛋白質，豐富的鐵質和維生素，推薦用來預防貧血。

肉・魚類

馬肉

高蛋白質非常推薦給高齡犬◎

高蛋白質、低脂肪、低卡路里之外，還含有均衡的必需脂肪酸亞油酸、α-亞麻酸、油酸，且低過敏性。

肉・魚類

鹿肉

鐵質豐富能預防貧血

高蛋白質、低脂肪、低卡路里。特別是鐵質很豐富，推薦用於預防貧血和高血壓。銅也較多，能期待它去除活性氧類的功效。

肉・魚類

肝

為了養肝大概每週餵食 1 次

脂肪少，維生素和礦物質都很豐富，對肝臟有益。不過，吃太多的話，會有維生素 A 過度攝取的問題，每週 1 次為佳。

肉・魚類

鮪魚

紅肉是優質的蛋白質來源

預防貧血的鐵質、改善血液循環的維生素 E、促進膽固醇代謝的牛磺酸，無論是哪種的含量都很均衡且豐富。

肉・魚類

鮭魚

抗氧化作用高秋季當令魚種

屬於紅色色素的蝦紅素，和維生素 C 相比，抗氧化作用強上 6000 倍，也能期待它預防癌症的效果。

肉・魚類

鰹魚

想預防貧血就靠這種魚

維生素 B_{12} 和鐵質含量在魚類中最是頂尖的，對於預防貧血和造血作用有幫助。讓肝臟機能提升的牛磺酸也很豐富。

蔬菜
西瓜

可做為預防中暑的
水分補給

礦物質和水分豐富的西瓜，
最適合用來預防夏日中暑的
問題。利尿作用也高，可排出
多餘的水分。

蔬菜
番茄

富含抗氧化作用高的
茄紅素

營養豐富到被人們戲稱有它
就不必靠醫師。可稍微煮一
下後餵食。有些狗會因為種
子出現腹瀉問題，擔心的話
可先去除種子。

蔬菜
彩椒

推薦給
中性脂肪多的狗

有豐富的維生素 A、C、E。
也有抗氧化作用高的紅色色
素之一辣椒紅素。搭配核桃
和植物油一起，抗氧化作用
可再升級。

> 紅色就讓人感到
> 活力充沛！

水果
草莓

直接餵食
補充維生素 C

適合當作春天的點心。直接
餵食，補給維生素 C，可預
防感染症、提高免疫力。還
能預防慢性疾病。

+α
櫻花蝦

鈣質豐富的
混合食

在相對缺乏鈣質的完全手作
鮮食中很有幫助，有時還能
當作餐食的點綴。另外它的
維生素和殼聚醣等營養都很
豐富。

+α
枸杞

特別推薦抗癌藥
治療中食用

已證明能減輕抗癌藥的毒
性、促進造血機能和白血球
數量的增加。可滋補強身，
對恢復疲勞、養護肝臟、腎
臟、肺等都有效。

+α
紅豆粉

藉由亞鉛
排出有害物質

有益腎臟。要加在狗糧中的
話使用紅豆粉很方便，另外
更推薦煮成糊狀◎。不過必
須限制鉀攝取的狗就要控制
用量。

黃色食材

黃色食材裡頭，有著很多膳食纖維豐富、對胃腸有益的東西。而且黃色色素中，有能緩解疲勞和疼痛的成分。像在梅雨或秋雨季節等濕氣比較重的時候，請務必多加運用。

肉・魚類
雞蛋

有益肝臟和病後恢復體力

富有「皮膚維生素」之名的生物素。是優質的蛋白質來源，有益於肝臟並能幫助病後體力的恢復。若要調養腸胃，推薦調理成半熟狀態。

大豆製品
納豆

營養豐富的超級食物

蛋白質分解酵素和納豆激酶能預防血栓，讓血流暢通。其他還有整腸和提升免疫力的效用。

大豆製品
豆渣

豐富的膳食纖維讓腸子更活躍

膳食纖維是牛蒡的2倍，可讓腸子運作活躍化。減肥時還能為餐食增量。但一定要煮熟後才餵食，有結石問題的狗請勿食用。

穀類
燕麥片

整頓腸道環境抑制大腸癌

燕麥乾燥後弄碎的食材，是膳食纖維和礦物質的寶庫。加入稍微淹過燕麥片的水或湯或豆漿等，用微波爐加熱3～5分鐘即可。

蔬菜
南瓜

抗氧化作用強維生素也豐富

與剛採收的相比之下，熟透的南瓜中有更豐富的 β- 胡蘿蔔素。和油一起炒的話能增加吸收率。連皮一起吃能有助通便。

蔬菜
紅蘿蔔

每天都可吃的抗氧化食品

皮下含有特別多的 β- 胡蘿蔔素，建議連皮一起磨成泥，稍微煮一下。可以作為混合食，用來點綴平時吃的狗糧。

蔬菜
玉米

豐富的膳食纖維讓腸道活性化

膳食纖維豐富，可讓腸子運作更活躍。因為經常沒消化就直接排出，所以推薦打成糊狀。玉米鬚還有很好的利尿效果。

靠維生素來抗氧化！

蔬菜
番薯

**可當成減肥時的
點心**

維生素的寶庫。在腸道中吸
收水分後會膨脹,所以能增
加飽足感。但吃多要留意卡
路里過高的問題。

蔬菜
檸檬

**恢復疲勞和
預防疾病**

豐富的維生素,讓血管更強
健,據說還能促進細胞膠原
蛋白的生成。此外,它還有能
提高鐵質吸收率的效用。

水果
鳳梨

**高強度運動或
出門歸來後**

富含能分解蛋白質的鳳梨酵
素,和肉一起食用有助於消
化。還有豐富檸檬酸可排除
造成疲勞的乳酸物質。

水果
橘子

**讓心情和身體
都神清氣爽**

能調節胃部運作,滋潤肺部
和喉嚨。其香氣也有活絡氣
循環的效果。抗氧化作用高
的維生素 C 含量也很豐富。

+α
薑

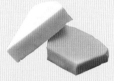

**乾燥後有
溫暖身體的效果**

乾燥後製成的乾燥薑粉,只
要加掏耳杓 1 匙大小的程度
就能溫暖身體。適合在寒冷
的季節和冷氣病等狀況。

+α
起司

**推薦給有
乾咳症狀的狗**

天然起司中含有乳酸菌和酵
母菌。稍微加熱過再餵食有
助於消化,也能提高狗的愛
好性。但要注意鹽分和脂質
攝取過多的問題。

+α
蘋果醋

**不斷地
腹瀉或便秘時**

調整腸道環境的膳食纖維和
醋酸能夠消滅壞菌。而且還
會讓好菌變多,刺激腸道且
消除便秘。

其他還有
這樣的食材
：味噌、高野豆腐、莧菜籽、黃椒、金桔、黃番茄、栗子、葡萄柚、
橘子、梨子、薑黃、菊花、陳皮、蜂蜜

白色
食 材

米或小麥食品、乳製品、蔬菜等白色的食材,可滋潤身體、防範乾燥,還能調節不順的血流和氣的循環。白色的穀類在蓄積能量方面也很有幫助。是秋天時務必多攝取的食材。

穀類
白米

**能夠
穩定情緒**

富含供給大腦養分的醣類,保水力也很優秀。不過因為狗不擅長消化碳水化合物,所以餵食時要留意。可用白粥的形式餵食。

穀類
烏龍麵

**推薦給
情緒無法穩靜的狗**

用小麥粉製成的烏龍麵,據說能夠祛熱、安定精神。推薦在盛夏或夏季結束時情緒總無法穩定的狗。

肉・魚類
雞肉

**雞胸肉
最適合打造肌力◎**

胸肉中有豐富的菸鹼酸,可確保黏膜和皮膚健康。蛋白質的含量高、卡路里低。皮和雞翅膀肉也有豐富的膠原蛋白和葡萄糖胺。

肉・魚類
豬肉

**有助於恢復疲勞和
預防貧血**

腿肉和肩肉的脂肪少、維生素 B_1 含量多,可預防貧血並強化體能。但一定要煮熟。

肉・魚類
鱈魚

**適合用於
胃腸機能低落時**

冬季的當令食材。脂肪少、卡路里低、纖維蛋白很多,加熱後也不會變硬、有助於消化。但骨頭非常硬,要記得去掉。

肉・魚類
魩仔魚

**作為營養豐富的
混合食**

沙丁魚的魚苗,富含 EPA 和 DHA,優質蛋白質的來源。在完全手作鮮食的場合,也非常推薦用來當成鹽分補給食材。

大豆製品
豆腐

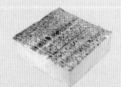

**推薦給肥胖犬
當成增量用食材**

豐富的必須礦物質就用木棉豆腐、豐富的維生素類就用絹豆腐。絕對要加熱後再少量餵食。有尿路結石問題的狗請勿食用。

其他還有
這樣的食材

麵包、素麵、大麥、花鱸、豆漿、牛蒡、白花椰菜、里芋、蓮藕、冬瓜、蕪菁、菊芋、山藥、香蕉、葛粉、馬鈴薯澱粉、白木耳、金針菇、蓮子、寒天

蔬菜
蘿蔔

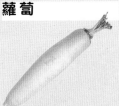

**調節胃腸運作的
「自然消化劑」**

擁有很多能調節胃腸運作的
食物酵素，又被稱為「自然消
化劑」。特別是根部尖端含
有的酵素很豐富。可磨成泥
後直接吃或加熱後食用。

蔬菜
馬鈴薯

**滿滿的
維生素 C**

如同「田裡的蘋果」這個暱
稱，維生素 C 很豐富，因為
有厚厚的澱粉質，所以加熱
後也不易流失是其特徵。請
確實煮熟後再用。

蔬菜
白菜

**可期待
預防癌症的效果**

能期待癌症預防效果的十字
花科蔬菜。豐富的鉀有助利
尿。一定要煮熟，但烹煮時
營養會流出，所以請連同煮
汁一起使用。

蔬菜
豆芽菜

**便宜且
方便用於增量**

能促進利尿的蔬菜。因為便
宜，很適合在減肥時用來為
餐點增量。請細切後稍微煮
一下再餵食。

水果
蘋果

**保護腸道黏膜的
「腸之藥」**

特別是果皮含有很多的膳食
纖維果膠，能保護腸道黏膜
並排出老廢物質。加熱後營
養會提升，所以可烤、也可
烹煮。

+α
優格

**能期待
調整腸道的效果**

是牛奶發酵後的產品，可期
待它整頓腸道的效果。早上
起來時會吐出胃液或膽汁的
狗，可在睡前餵食少許的優
格看看。

+α
白芝麻

**推薦給皮膚乾燥
感覺有便秘問題的狗**

含有豐富的、狗也需要的不
飽和脂肪酸（亞油酸和油酸）。
加熱後能提高抗氧化力，所
以推薦炒過後使用。

樸素但都是
重要的食材！

茶·黑色 食材

膳食纖維或維生素、礦物質豐富的海藻或菇類等茶、黑色的食材,被認為可調節腎功能、擁有提高生命力和免疫力的高效用。請多在腎臟趨於寒涼的冬季運用。

穀類
蕎麥

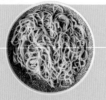

用於消化不良引起的不適時

抗氧化作用高的蘆丁含量豐富。低脂質,維生素 B 群比白米還要多。推薦作為腹瀉時食用的碳水化合物。

肉·魚類
牡蠣

營養價值高的「海中牛奶」

含有全食品中最高的亞鉛含量,可期待抗氧化效用,及提升免疫力、代謝力、腦部機能的功用。在時令期間可多多利用。

肉·魚類
蜆

為保養肝臟可每天食用

豐富的鳥胺酸能促進肝機能的保健和解毒,還有造血不可欠缺的維生素 B_{12}。日常養護時可將蜆湯加入餐食。

菇類
鴻喜菇

提升免疫力還能預防癌症

含有均衡豐富的胺基酸,可促進蛋白質的吸收與醣類的代謝。有助於組織的修復和成長。還有對預防癌症有其效果的凝集素。

菇類
蘑菇

抑制皮膚和腸子的發炎

維生素 B_6 豐富,具有保護皮膚和黏膜的效果,對於抑制皮膚發炎和腹瀉導致的腸道發炎也有效用。另外也可消除臭味。

海藻
鹿尾菜

為了健康長壽請加入餐食吧

膳食纖維和礦物質豐富,為了健康長壽,讓人想每週都吃上1次的食品。用鐵鍋去煮的話,可以讓鐵質變得更豐富。

海藻
和布蕪

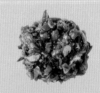

用黏稠的黏液素來保護黏膜

黏液素這個黏稠的成分可以保護黏膜。海藻那滑滑的海藻酸成分也有調整腸胃狀況的效用。

其他還有這樣的食材 ┈┈ 黑米、黑豆、海蘊、黑木耳、麻炭、黑醋、肉桂、黑糖

菇類
舞菇

**給每天與
癌症奮戰的狗食用**

在舞菇中含的 β- 葡聚糖也
叫 MD Fraction，被認為能
活化免疫機能。可防止腫瘤
增生、抑制癌細胞移轉。

菇類
香菇

**抗癌和
抗老化等功效**

抗癌藥也有使用的香菇多醣
體、抗病毒物質的 β- 葡聚糖、
還有抗老化的麩胺酸等，能
期待的效用非常多。

菇類和海藻
好健康呀～

海藻
昆布

**將昆布水
用於每天的餐食**

豐富的礦物質能調節水分平
衡，麩胺酸可活化大腦並緩
和壓力，至於精胺酸能夠增
加腸道內的好菌數量。

海藻
海苔

**營養豐富的
「海中蔬菜」**

β- 胡蘿蔔素是紅蘿蔔的 3
倍、鐵質是菠菜的 30 倍、膳
食纖維是牛蒡的 7 倍。膳食
纖維比蔬菜還軟，對腸胃的
負擔也比較輕。

水果
藍莓

**以花色素苷
來保護眼睛**

擁有大量維持眼睛健康不可
或缺的花色素苷。維生素 E
和脂質一起攝取的話，能提
高吸收率。建議和優格一起
食用。

＋α
黑芝麻

**用於
體毛毛躁時**

花色素苷和芝麻木酚素的抗
氧化成分可以抑制活性氧類
的運作。可在肝功能些微異
常，或持續高油飲食的時候
使用。

綠色食材

蔬菜和水果等綠色食材，大多擁有豐富的維生素、礦物質和膳食纖維。排毒效果很高，能夠恢復元氣，希望讓情緒平穩時很有幫助。適合在想積極排毒的春天好好使用。

蔬菜
小松菜

可以補充鈣質

鈣質豐富。和菇類一起食用的話，能夠增進鈣質的吸收率。稍微煮一下，連煮汁一起加進餐食。

蔬菜
芹菜

擁有穩定精神效果的香氣

芹菜有著非常獨特香氣來源硒啉 (Selinene)，它可以抑制不安定的精神和焦慮。而吡嗪 (Pyrazine) 則是擁有讓血液暢通的作用。

蔬菜
花椰菜

維生素、礦物質都豐富的蔬菜

以維生素 C 為首的維生素類、鉀、鐵質都很豐富的蔬菜。莖的部分也有不少甘甜成分，可一起使用。

蔬菜
青椒

靠維生素 A、C回復夏季倦怠

青椒含有著非常豐富的吡嗪 (Pyrazine)，能讓血液暢通。切細碎後稍微煮一下再使用。消化力弱的狗要確實煮透後再餵食。

蔬菜
小黃瓜

用鉀來支援腎臟

擁有豐富的鉀，有助利尿，可支援腎臟功能。表皮中的葫蘆素中含有能破壞腫瘤的因子。磨成泥後可直接使用。

蔬菜
高麗菜

用於胃部虛弱的時候

據說擁有僅次於大蒜的防癌效果。維生素U還能保護胃部黏膜。生的狀態下可切細碎後使用，水煮時可連同煮汁一起使用。

蔬菜
萵苣

直接生食補給維生素

維生素、礦物質、膳食纖維等含量均衡。切細碎後，可直接加入帶湯汁的餐食。

其他還有這樣的食材 ┊ 菠菜、黃麻菜、山茼蒿、油菜、荷蘭豆、西洋菜、青江菜、四季豆、毛豆、櫛瓜、青蘋果、洋梨、萊姆、哈密瓜、薄荷、羅勒、綠豆

蔬菜
蘆筍

**恢復疲勞和
強化體能**

天門冬胺酸可恢復疲勞、強化體能，還有促進利尿的效果。特別是穗尖的營養價值很高。加熱時間不要太長。

蔬菜
花椰菜芽

**滿溢生命力的
植物芽**

花椰菜芽含有能預防癌症的豐富蘿蔔硫素。維生素和酵素也比花椰菜還要多。

蔬菜
苦瓜

**滿滿都是建構
夏季元氣的維生素 C**

維生素 C 和鉀很豐富，是夏天的珍貴蔬菜。加熱時間不要太長。如果能生食又不會吃壞肚子的狗，可直接餵食生食。

蔬菜
紫蘇葉

**維生素和鉀
都很豐富**

營養的寶庫。含有很多亞鉛和鐵質等礦物質，要少量餵食。小型犬每次約 1/3 片、大型犬 1～2 片左右。

水果
奇異果

**當成夏天早上
散步後的點心**

整年都可吃到，但冬季是當令水果。檸檬酸和蘋果酸含量多，能抗老化、抑制癌細胞，也有恢復疲勞的效果。

+α
巴西利

**鐵質和鉀的含量是
蔬菜之冠**

擁有壓倒性高營養價值的食材。放一盆巴西利盆栽在廚房取用就很方便。將小撮分量切細碎後，可以直接加入餐食中。

+α
青海苔

**撕碎後用於
肝臟和腸子的養護**

海苔的維生素 C 有耐熱、抗氧化作用。膳食纖維也很豐富，能夠促進腸道活動。牛磺酸有助解毒，可支援肝臟。

為了健康，
蔬菜也很重要！

應該餵食營養補充品比較好嗎？

曾聽過有人表示「要給牠吃什麼營養補充品比較好呢？」、「差不多要開始餵營養補充品會比較好吧？」也有像是要填補什麼不安那樣，用了大量營養補充品的飼主。此外，只要一開始用了，好像從此就無法停止，這也是營養補充品的宿命吧。在寵物相關的店家中，陳列著各式各樣的大量營養補充品，感覺上每種都好像對身體很好、能守護愛犬免於疾病的危害風險。

營養補充品的好或壞，判斷上是非常困難的。所謂的營養補充品，其實本質上並不是藥物，是屬於食品的一種類型、是為了支援那些無法靠飲食補充的成分和無法在體內生成的成分。大致上可以分為以下這 2 種類型。

1. 只有食物或植物能製造的東西。可期待天然營養素和未知營養成分的效果。

2. 合成的營養補充品。是由化學製造的營養成分和天然成分合成後的產物。是為了達到某些目標而開發的。

我們無法斷定哪一種有效或無效，只能心想像是精選食材那樣，用對身體好還是不好來做選擇，應該會比較好吧。

在我們家，是不在小狗還小的時候使用營養補充品的。因為希望盡可能地靠牠們的自體調整力去成長、維持，所以除非是非從旁輔助不可的疾病，不然都不會積極地去使用。

進入中年期，開始感受到有點老化的狀態，就會讓牠們補充能調整五臟六腑的「まこもの発酵液」（あいな農園出品），以及藉由薔薇果和枸杞來補充抗氧化作用高的維生素 C。此外，如果出現無法妥善照顧到的地方，就使用針對該處對症處理的香草或漢方藥。例如，容易腹瀉的小狗就使用益生菌、肝功能就使用奶薊、腦和心臟就使用「救心」等等。

進入老犬期，會感到整體體力衰退，為了輔助免疫系統，可以使用馬胎盤線粒體 (Placenta Mitochondrion) 等產品來讓衰退盡可能減緩。我認為配合年齡和症狀去使用是很重要的一件事。

更進一步地探究餐食

感受到年齡帶來的變化的時候;雖然沒有生病、但覺得
身體不適的時候,能配合愛犬的狀態來進行調整的,就
是手作鮮食最大的魅力了。要不要針對小狗的餐食,更
進一步地深入思考看看呢?

各年齡層的餐食重點

從幼犬到老犬，能配合生涯階段來進行調整，就是手作鮮食的優點。
接下來會依據分量、次數、內容、形狀等條件，彙整出各年齡層應該留意的重點。

幼犬期（3個月〜1歲半左右）

有效率地吸收必要的營養素

對於成長期的幼犬，重點在於要讓牠們盡可能有效率地吸收必要的營養素。特別重要的就是蛋白質，據說構成要素之一的精胺酸需求量是成犬的 10 倍左右。精胺酸是促進成長荷爾蒙合成的一種胺基酸，在肉或雞蛋、魚類、大豆製品等食材中都很豐富。幼犬的食材選擇重點，就是蛋白質要以肉或雞蛋為中心、蔬菜則是以當令的為中心，讓小狗體驗各式各樣的食材，並讓牠們習慣。

關於幼犬的餐食是否手作這件事，社會上有許多不同的意見，但是只要飼主毫無不安、愉悅地餵養，而幼犬也能欣喜地享用餐點，這才是首要之事，不是嗎？

分量

成犬時的2倍
（若幼犬有食慾的話）

目標是以體重換算的話，為成犬的「每天給予的肉、魚、水分的攝取量基準」（參考 P.41）2 倍左右。在出生後半年左右，開始稍微減少到和成犬相同的量。

次數

分成1日3〜5次
較頻繁地餵食

幼犬的胃比成犬的還要小，因此和成犬相比，他們需要更多分量和次數餵食。出生 4 個月左右前是 1 日 4 〜 5 次，再到半年左右是分成 3 次，較頻繁地餵食。

肉要處理成樂於食用的大小
蔬菜為了方便消化要打成糊狀

玩耍後肚子
很快就餓了呢～

內容

肉：蔬菜
= 1：0.5～1

出生4個月左右前是以「肉：蔬菜＝1：0.5」
為目標，出生6個月後稍微調整到「1：1」。
蛋白質以肉類或雞蛋為中心，搭配1款蔬
菜輪替加入餐食。

形狀

只有蔬菜打成糊狀
方便消化

蛋白質和成犬吃的一樣切成一口大小，讓
小狗能享受咀嚼的樂趣吧。蔬菜用攪拌機
打成糊狀，盡可能處理成好消化的狀態。

成犬期 （1歲半～7歲左右）

將多種不同的食材輪替著餵食

和愛犬的生活較安定、也讓牠習慣手作餐食後，很容易就會形成老是使用相同食材的循環，這時將食材定期替換使用是很重要的關鍵。所有的食材都有它們的功用，適量食用的話就會是良藥，但吃得過度就可能是毒。若持續餵食同樣的食物，它的缺點就會累積，因此無論是手作、是狗糧、還是混合食，進行輪替是基本原則。

此外，雖都說是成犬期，但1歲和7歲在身體狀態和活動量等層面是有變化的。一般來說，隨著年紀增長、運動量會跟著減少，所以蛋白質要在維持量的前提下，基本上卡路里就要減少，然後用蔬菜或醣類進行調整。因為每天都看著愛犬，或許很難察覺細微的變化，但狗會以人類5倍左右的速度增長歲數，所以請盡可能地客觀觀察、摸摸牠們然後勤做筆記吧。

分量

隨著運動量
進行調整

以 P.41 的「每天給予的肉、魚、水分的攝取量基準」為參考標準，沒有進行節育手術和運動量較大的話，是 1.1 ～ 1.2 倍。觀察體型的變化，胖的話就減少、瘦的話就增加。

次數

1日2次是
基本

據說成犬消化蛋白質所需的時間要 12 ～ 15 小時。有的狗空腹時間太長會出現吐出胃液的情形，所以先以 1 日 2 次為基準，再視身體狀況來進行調整。也推薦在點心時段用羊奶等食品來補充水分。

肉、魚要處理成樂於食用的大小
蔬菜要切得細碎

咀嚼也是樂趣呢～

內容

肉、魚：蔬菜
= 1：1～2

看上去的量是「肉、魚：蔬菜 = 1：1～2」
為基準。才剛開始餵食手作鮮食的時候，
起初先以蔬菜較少的模式開始嘗試吧。運
動量較多的狗，也可以放進少量的碳水化
合物。

形狀

只要能消化的話
不用太細碎也OK

肉或魚、南瓜或薯類等可用手弄碎的蔬菜
切成一口大小，根莖類蔬菜磨成泥，其他
的蔬菜就切細碎點。但不管是哪一種都要
煮透，是基本原則。然後請一邊觀察排便
的狀況、一邊進行調整。

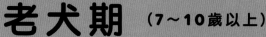

老犬期 （7～10歲以上）

還要再讓我
吃飽飽喔！

增加抗氧化物質，減少卡路里

大型犬在 7 歲左右、中小型犬則是 10 歲左右，就會進入高齡這個生涯階段。不過，沒有必要單純憑年齡就以老犬的照顧方式對待，可評估身體狀況的變化和罹患的疾病等因素，將成犬期的餐食彈性調整就可以了。

為了抑制老化的問題，可多攝取南瓜、紅蘿蔔、小松菜、花椰菜、藍莓、奇異果這類顏色鮮豔的蔬菜、水果等，能有除去活性氧類效果的抗氧化食品。此外，如果腰腿狀況衰退，可將雞肉、豬肉和羊肉帶油脂部分、鯊魚等，含有能維護關節的豐富膠原蛋白食品加入餐食。

相反的，如果上了年紀後因為運動量和代謝減少導致易胖的話，就要在維持蛋白質量的情況下，控制卡路里。只不過，如果是患有腎臟疾病，就限制蛋白質的攝取，還請注意。

分量

分量不變
但卡路里要減少

在精神還很不錯的時候，以 P.41 的「每天給予的肉、魚、水分的攝取量基準」為參考標準，隨著運動量的降低減少分量，幾乎臥床不起的狀態約是 0.7 倍。如果是必須照護的情況，就不必在意 1 次的量，在牠能吃的時候就讓牠吃。

次數

如果消化能力衰退
就增加次數

餐點有剩下、飯後口腔內白白的、有貧血的感覺、無法冷靜下來、四處轉來轉去，如果發現前述的狀況，就要評估餐點的量是不是負擔太大的。請配合身體狀況，分成 1 日 3 ～ 4 次左右餵食，再觀察看看。

如果吞嚥好像變得困難 就全部都打成糊狀

內容

選擇低卡路里的
肉或魚

請確實給予維持肌力必備的優質蛋白質，並減少帶油脂的部分，控制卡路里。請選擇雞胸肉、豬腿肉、馬肉、鹿肉、魚等低卡路里、低脂肪的蛋白質。蔬菜或菇類、海藻等就看排便的狀況來增減量。

形狀

打成糊狀等
更有助於消化

能站著吃東西、咀嚼也沒有問題的話，不用把食材切得太細碎也無妨。若咀嚼力衰退了，就煮透一點，肉和蔬菜都一起用攪拌機打成糊狀。若是需要照護、必須用注射器餵食的時候，幾乎都要處理成液狀。

維持健康食譜

雖然還不到生病的程度，
但開始感覺到身體不舒服的時候，
就從飲食開始進行預防性養護吧。
首先請先確認有沒有令人在意的跡象出現。

維持免疫力

免疫細胞約有 70% 是由腸子製造的。吃得過多或必須花時間消化的飲食持續等因素，會讓腸子持續工作，無法挪出時間製造免疫細胞，使得免疫力下滑。請把蔬菜切得細碎一點，並控制消化時間需求較長的碳水化合物份量。

在這種情況時提供

- ☐ 散步的速度變慢，而且馬上就想回家
- ☐ 玩耍時馬上厭倦
- ☐ 睡眠時間變長
- ☐ 白毛的量增加

這樣的食材很推薦！

除去活性氧類，預防氧化
維生素 C

能除去讓身體老化的活性氧。請多多攝取維生素 C 含量豐富的蔬菜和水果吧。體內的維生素 C 合成機能會隨著年紀增長而衰退，即使透過飲食攝取，也幾乎會在當天就排出體外。所以每天持續積極地餵食是很重要的。

例如…

青椒、花椰菜、白花椰菜、苦瓜、荷蘭豆、草莓、檸檬等蔬菜和水果

守護細胞免於傷害
維生素 E

能擴張微血管，提升血液循環功能，還有保護細胞膜免於傷害的效用，維生素 E 也是希望能一起攝取的營養素。因為單獨攝取的話可能會有氧化的情況，所以請和維生素 C 一同攝取，讓吸收率有所提升。

例如…

鮭魚、沙丁魚、香魚、鰤魚、核桃、紫蘇葉、南瓜、山茼蒿、菠菜、毛豆、芝麻 等等

材料 (體重約10kg，每天2餐的1餐分量)

- 水 … **250㎖**

- 紫蘇葉 … **1片**

- 花椰菜
  … **25 g**（約1朵）

- 舞菇 … **15 g**

- 豬腿肉 … **110 g**

- 豬肝 … **40 g**

- 紅蘿蔔
  … **20 g**（約2㎝）

- 馬鈴薯
  … **50 g**（約1/2個）

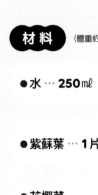

維持魄勵力是
健康的基礎！

調理法

1 將豬腿肉、豬肝切成一口大小。
　　花椰菜、紫蘇葉、舞菇切細碎。

2 在鍋中加入水，煮至沸騰，
　　放入1的豬腿肉和豬肝，
　　煮3分鐘左右。

3 將1的花椰菜、舞菇放入鍋中，
　　馬鈴薯磨成泥放入，
　　再煮5分鐘左右。

4 關火，將紅蘿蔔磨成泥放入。
　　稍微放涼後，移到容器中，
　　放上1的紫蘇葉，
　　最後用手拌勻就完成了。

促進血液循環

在這種情況時提供

☐ 早上起來後，腳的前端和耳朵發冷

☐ 牙齦或舌頭發白

☐ 不怎麼吃早餐

☐ 發冷，身體顫抖

血液負責將氧氣送往全身的每個角落，然後回收老廢物質等不需要的東西。如果血液循環不良的話，含有新鮮氧氣的血液就無法送往各個臟器，讓它們無法正常工作。如果改善血流狀況，血液就能充裕地擴及全身，讓每個臟器都能活躍地運作。

這樣的食材很推薦！

讓血液順暢流通
EPA

屬於 Omega-3 脂肪酸的 EPA（二十碳五烯酸），無論在人類還是狗的體內都無法生成，是需要經由食品來攝取、必要的必需脂肪酸之一。它在青背魚體內含量豐富，能夠讓血液循環暢通，有維持免疫力、抑制發炎的效果。不妨每週做幾次以魚為主體的餐點，好好地運用吧。

例如…

沙丁魚、鯖魚、秋刀魚、竹筴魚等青背魚

提升新陳代謝！
海藻酸

是海藻內含有的黏稠成分，也是膳食纖維的一種。它的作用是能將多餘的膽固醇排出體外，可期待它在提升血流狀況方面的效果。此外，也具有將堆積在腸道內、不需要的老廢物質排出體外的功能，因此也兼具整頓腸道環境的效果。可作為混合食等形式，妥善地活用它吧！

例如…

海蘊、和布蕪、昆布、銅藻、裙帶菜 等等

材料 <small>(體重約10kg，每天2餐的1餐分量)</small>

- 水 ⋯ **250㎖**

- 秋葵
  ⋯ **10 g**（約2根）

- 和布蕪 ⋯ **1大匙**

- 蘿蔔 ⋯ **70 g**
  （約3㎝）

- 番茄
  ⋯ **70 g**（約中型1個）

- 鯖魚
  ⋯ **120 g**（約半條）

- 碎粒納豆
  ⋯ **1小匙**

用青背魚做出
健康餐點！

調理法

1 將鯖魚切成一口大小。
　 秋葵、去除種子的番茄切細碎。

2 在鍋中加入水，煮至沸騰，
　 放入1的鯖魚，煮3分鐘左右。

3 在2中加入1的秋葵、番茄，
　 再煮5分鐘左右。

4 移到容器中，稍微放涼後，
　 加入和布蕪，將蘿蔔磨成泥放入，
　 用手拌勻，
　 最後擺上碎粒納豆就完成了。

調整腸胃

在這種情況時提供

☐ 頻繁的腹瀉或嘔吐
☐ 2～3日沒有排便
☐ 持續出現黏膜便
☐ 對氣壓的變化很敏感
☐ 經常吃草

腸胃弱化的話，就會出現腹瀉或嘔吐等症狀。雖然健康時出現腹瀉和嘔吐，也可能只是單純的排毒過程，但也有可能是尚未明朗的疾病。不過無論是哪一種，都要控管脂肪攝取、用對腸胃溫和的餐食來養護。假使嚴重的腹瀉和嘔吐狀況持續的話，請一定要去看醫生。

腸胃健康，
吃飯也很享受！

這樣的食材很推薦！

改善體內深部的寒涼
溫暖身體

容易發生腹瀉或嘔吐的時候，經常是寒氣進入體內深部所導致的。有說法認為體溫每下降 1 度，免疫力就會跟著下滑 30%，而免疫細胞有 70% 是由腸子製造的。藉由將能溫暖身體的食材加入餐食、改善寒涼的狀況，腸胃的狀態就有可能恢復。

例如…

乾燥薑粉、肉桂、蘋果醋、雞肉、鮭魚、鮪魚、南瓜、蕪菁、紫蘇葉、羅勒、巴西利　等等

幫助消化吸收
食物酵素

食物中含有的食物酵素，能協助消化器官分泌的消化酵素，對消化吸收很有幫助。年紀增長後，消化酵素的分泌量會減少，胃也會更容易出現胃脹和消化不良等問題，可藉由食物酵素來支援消化。它在很多蔬菜、水果、發酵食品中都有，不過不耐熱，所以請用生食餵食。

例如…

蘿蔔、蕪菁、山藥、青木瓜、秋葵、黃麻菜　等等

材料

（體重約10kg，每天2餐的1餐分量）

- 水 … **250 ㎖**
- 蕪菁 … **40 g**（約**1/2**個）
- 巴西利 … **1 g**（約**1**株）
- 山藥 … **50 g**（約**2.5 cm**）
- 雞胸絞肉 … **110 g**
- 乾燥薑粉 … 掏耳勺大小**1**匙
- 蘋果醋 … **1/2** 小匙

調理法

1 將雞胸絞肉捏成**2cm**大小的肉丸。
巴西利、蕪菁葉切細碎。

2 在鍋中加入水，煮至沸騰，
放入**1**的肉丸，煮**3**分鐘左右。

3 在**2**中加入**1**的蕪菁葉和乾燥薑粉，
將蕪菁和山藥磨成泥放入，
再煮**5**分鐘左右。

4 移到容器中，稍微放涼後，
加入**1**的巴西利和蘋果醋，
最後用手拌勻就完成了。

養護肝臟

在這種情況時提供

☐ 變胖了
☐ 眼屎變多
☐ 腹瀉或嘔吐的狀況變多了
☐ 身體偶爾發癢

肝臟要負責很多工作，是個忙碌的臟器。製造膽汁、將營養素轉化為能量、中和毒素等，盡是些對於生存不可或缺的工作。最好的肝臟養護法就是休息，也就是不要飲食過量。還有將能夠幫助肝臟的食材放入餐食中。

肝臟先生，
總是受您照顧了～

這樣的食材很推薦！

支援肝臟解毒和腎臟的過濾工作
帶苦味的**春天蔬菜**

特別是山菜或春天蔬菜中含量豐富的苦味成分，植物性生物鹼可說是植物守護自己的手段。目前已知這個生物鹼能促進排毒運作，支援肝臟的解毒作業和腎臟的過濾作業。請切細碎後，和肉或魚一起烹調後再餵食。

例如…
山茼蒿、油菜、蘆筍、春高麗菜、蜂斗菜、芹菜　等等

減少肝臟的工作
低脂肪的食材

為了分解脂肪而製造膽汁，也是肝臟的工作之一。吃下含有很多脂肪的食物，會對肝臟造成負擔。特別是狗的主食肉或魚通常含有較多的脂肪，所以為了減輕肝臟的工作，可在白肉魚、雞胸肉、豬腿肉、馬肉等食材中選擇低脂肪的來用。

例如…
鱈魚、剝皮魚、旗魚、鯊魚等脂肪較少的白肉魚、雞胸肉、雞胗、豆腐、豆漿　等等

材料 (體重約10kg，每天2餐的1餐分量)

- 水 … **250** ㎖

- 蘆筍 … **20** g（約1支）

- 金針菇 … **10** g

- 豆腐 … **40** g（約1/9塊）

- 旗魚 … **110** g

- 紫高麗菜 … **40** g（約2片）

- 蓮藕 … **20** g（約1㎝）

調理法

1 將旗魚、豆腐切成一口大小。
紫高麗菜、蘆筍、金針菇切細碎。

2 在鍋中加入水，煮至沸騰，
放入1的旗魚，煮3分鐘左右。

3 在2中加入1的紫高麗菜、蘆筍、
金針菇、豆腐，將蓮藕磨成泥放入，
再煮6分鐘左右。

4 移到容器中，稍微放涼後，
用手拌勻就完成了。

不管哪種感覺
都好好吃～

1週內的菜單範例

試著照做！

並不是要在 **1** 日內把所有的營養都放進餐食裡面，
而是要和人類的飲食一樣，在約 **1** 週的時間內均衡調整。
基本上配合飼主飲食的食材來準備就可以了。

※體重約10kg的成犬範例

	早上	晚上
一	雞胸肉 90g、蘿蔔泥（生）、南瓜、花椰菜、舞菇、水 250㎖	雞胸肉 90g、高麗菜、秋葵、紅蘿蔔、納豆、水 250㎖
二	沙丁魚約 2 條、牛蒡（磨成泥）、白菜、和布蕪、昆布水 250㎖	沙丁魚約 2 條、南瓜、秋葵、豆腐（少許）、昆布水 250㎖
三	雞翅膀（生、帶骨）約 2 支、蛋 1 個、小松菜、鴻喜菇、昆布水 250㎖	雞胸肉約 2 條、番薯、紅蘿蔔、花椰菜芽（生）、味噌（少許）、水 250㎖
四	豬腿肉 90g、蕪菁和蕪菁葉、鹿尾菜、水 250㎖	豬腿肉 60g、豬肝 30g、芹菜、小黃瓜、番茄、豆漿 50㎖、水 200㎖
五	鮭魚 120g、馬鈴薯、蘆筍、海蘊、芝麻粉、昆布水 250㎖	鮭魚 120g、牛蒡（磨成泥）、萵苣、舞菇、巴西利、昆布水 250㎖
六	羊肉 100g、芹菜、秋葵、納豆、蜆湯 250㎖	羊肉 100g、小黃瓜、紅蘿蔔、和布蕪、蜆湯 250㎖
日	白粥 100g、雞蛋 1 個、巴西利、山藥（磨成泥）、水 250㎖	雞胸肉約 2 條、花椰菜、舞菇、蓮藕（磨成泥）、水 250㎖

來做看看
簡單的點心吧

用手邊的食材就能完成的超簡單點心。不但
健康，愛犬也能開心地享用，所以做出來後
應該就會為此著迷。覺得「要手作餐點的話
實在太麻煩了」的人，請一定要挑戰看看！

冰箱保存
2～3日

蕃薯圓鬆餅

把番薯蒸好後弄碎，
接著只要捏成小球狀，就能完成簡單的圓鬆餅。
只要用很多孩子喜歡的番薯和羊奶
就能完成，順口程度極佳！

材料

● 番薯 … **100 g**（約1/2條）
● 羊奶（粉末）… **10 g**

調理法

1　將番薯仔細清洗後，放在沾濕的廚房紙巾上，用保鮮膜包起放入微波爐蒸 **10** 分鐘（使用蒸鍋要 **15** 分鐘）左右。

2　蒸到能用竹籤輕鬆穿過後，連同皮一起壓碎，捏成適當大小的球狀。

3　將羊奶粉均勻灑在 **2** 上，用烤箱烤 **5** 分鐘左右，外皮酥脆時就完成了。

豆渣餅乾

使用在豆腐專賣店等處就能以便宜的價格入手的豆渣，
是不會讓錢包吃緊的餅乾。
膳食纖維豐富，還能期待它的整腸作用。
疏通血液、溫暖身子，為季節轉換做好準備！

材料

- **生豆渣** … **60 g**
- **米粉**（或低筋麵粉、高筋麵粉）
  … **40 g**
- **黑芝麻粉** … **10 g**
- **黑糖** … **5 g**（不放也OK）
- **水**（或豆漿）… 約**1小匙**

調理法

1 先將烤箱或烤麵包機預熱**160度**。
　在塑膠袋中放入生豆渣、米粉、黑
　芝麻粉、黑糖，然後甩動袋子，讓
　食材們混勻。

2 在 **1** 中視凝固狀況加水(或豆漿)，仔
　細搓揉，讓內容物食材面積擴展到
　塑膠袋大小、厚度約**1～1.5cm**。

3 切開 **2** 的塑膠袋，依想要的形狀
　和適當大小切塊。

4 在烤盤上鋪上烘焙紙，將 **3** 放在
　上面，用烤箱或是烤麵包機烘烤
　20～25分鐘左右就完成了。

冰箱保存
3～4日

香蕉
薩布雷

材料

● 香蕉（推薦使用較熟的）
  … **100 g**（約**1**條）
● 燕麥片 … **3**大匙
● 橄欖油
  （椰子油或是大麻籽油等偏好的油也**OK**）
  … **1**小匙
● 肉桂粉 … 少許

調理法

1 將烤箱或烤麵包機預熱**170**度。將香蕉剝皮，放入調理碗中，用叉子背面搗碎。

2 在**1**的調理碗中放入燕麥片、肉桂粉、橄欖油，均勻攪拌。

3 捏成適當大小的圓球狀，用手背或湯匙背面稍微壓平。

4 在烤盤上鋪上烘焙紙，將**3**放在上面，用烤箱或是烤麵包機烘烤**20**～**25**分鐘左右就完成了。

血清素被稱為幸福荷爾蒙，
構成它的色胺酸、維生素 **B₆**、碳水化合物
等必要材料，在香蕉中全部都有。
我們要把這樣的香蕉，做成簡單又幸福的薩布雷。

櫻花蝦仙貝

冰箱保存
3～4日

材料

- 米飯 … **120 g**（略少於一碗飯）
- 櫻花蝦 … **1大匙**
- 青海苔 … 略少於**1小匙**

調理法

1. 溫熱的米飯會比較好做。在平底鍋中鋪烘焙紙，把米飯放上去，接著上面再鋪一張烘焙紙，然後用木鏟之類的用具將它攤平。

2. 抽掉上方的烘焙紙，撒上櫻花蝦和青海苔，然後把烘焙紙蓋回去。

3. 在 2 的烘焙紙上，擺上裝水的耐熱碗或鍋子，藉此施加重量，接著開中火4～5分鐘，然後翻面、再施加重量，繼續烘烤3～4分鐘。

4. 移走重物和烘焙紙，再稍微烘烤一下，增添烘烤的顏色。

5. 稍微放涼後，切成適當的大小就完成了。

只用米飯、櫻花蝦、青海苔製作，
又脆又香的仙貝。
透過上面滿滿的櫻花蝦，
來確實補充身體缺少的鈣質！

在排出冬天所累積的不必要老廢物質的春天，

如果想要讓擁有解毒機能的肝臟提高運作，

只要將草莓和羊奶混合搗碎，

就能完成可補給水分的簡單點心！

春之
草莓羊奶

材料

● 草莓 … **120 g**（約**5～6**顆）
● 羊奶（如果是羊奶粉，可用微溫的水先溶解。
如果使用豆漿或甜酒，就用**2**倍左右的水稀釋
後使用）… **150 cc**

調理法

1 在調理碗中放入草莓和羊奶，用
電動攪拌機（沒有電動攪拌機的話，
可用叉子背面來搗碎草莓）攪拌混合
後就完成了。

請快點給我！

冰箱保存
1～2日

夏之
寒天夾心糖

冰箱保存
2～3日

材料

● 水 … **300**㎖
● 西瓜、奇異果、藍莓等 … 適量
● 雞胸肉 … **50 g** （約**1**條）
● 棒寒天 … **4 g** （約**1/2**條）
● 檸檬汁 … 少許

調理法

1 把棒寒天浸泡在水中（食譜分量外）。西瓜和奇異果、藍莓切成小塊。

2 在鍋中加入水煮至沸騰，放入雞胸肉煮**5**分鐘左右。雞胸肉煮透後取出，用手撕成小塊，再放回鍋裡。

3 再次開火烹煮 **2**，沸騰後將 **1**的棒寒天撕碎放入，煮**2**分鐘左右讓寒天溶化，關火，稍微放涼。

4 在小碗中鋪上保鮮膜，將 **1**的西瓜、奇異果、藍莓還有 **3**適量地加進去，再滴**1**～**2**滴檸檬汁。然後將保鮮膜拉起扭緊，用橡皮筋或封口紮起等固定，等待冷卻、凝固就完成了。

加入愛犬喜歡的水果或肉類，
再用寒天加以凝固，
就成為能用來對抗中暑的寒天夾心糖。
如果沒有肉的話，只用水果製作也是可以的。

秋之
烤蘋果

材料

- 蘋果
  … 100～200 g（約1/2～1個）
- 核桃（有的話可用）… 1～2個
- 肉桂粉 … 少許
- 奶油（有偏好的油也OK）… 極少量

調理法

1 用小蘇打或鹽仔細清洗蘋果，接著連皮切成薄片，取出芯。核桃壓碎。

2 在平底鍋(或煎鍋)中煮化奶油，開中火將1的蘋果煎到兩面上色。

3 最後將1的核桃和肉桂粉撒在蘋果上就完成了。

人稱「能讓醫生遠離你」、整腸作用也相當高的蘋果。
蘋果中含有豐富的果膠，
經過加熱之後會就會變得更加活潑，
成為好菌的食物，進而發揮保護腸壁的功效。

這個香味
真是難以抗拒～

冬之
蓮藕饅頭

材料

- 蓮藕 … **100 g**（約5㎝）
- 葛粉（或馬鈴薯澱粉）
  … **1小匙**
- 柴魚片 … **1小撮〜**
- 乾燥薑粉（或用生薑泥）
  … 掏耳杓大小略少於**1匙**
- 芝麻油 … 適量

調理法

1 將蓮藕洗乾淨，直接磨成泥，再放到篩子上瀝乾水氣。

2 在調理碗中放入1和葛粉、柴魚片、乾燥薑粉，然後整體拌勻，再捏成適當大小的球體。

3 在平底鍋倒入芝麻油加熱，然後放入2，邊翻邊煎4〜5分鐘，冷卻後就完成了。

在容易乾燥的冬天，
推薦各位也把滋潤的食材用於點心製作。
使用能對氣管黏膜的保護帶來效果的蓮藕，
來製作香氣撲鼻的饅頭吧！

「愉快」是最重要的！

關於親手做餐點這件事，即使不是每天、即使只能偶爾做做，但是只要在做的時候、品嘗的時候都能感受到「愉快」，那麼就能讓我們感受到幸福。

在這個越來越便利的社會，人們在忙碌的時候，也會到便利商店依喜好選擇日、洋、中式餐點，只要簡單調理就能完成，而且還有非常多的種類。當然，就連小狗取向的商品，也有手作風格餐食的冷凍品或罐頭、即食商品等，選項也相當多樣化。有時會為這些方便的現成餐點著迷、有時或許也會讓人感到失望。但是，和飼主親手做的餐點相比，這個世界上應該沒有比它蘊藏更多愛情的食物存在吧。

去年，已經有點年紀的小狗，作為我的第 7 隻愛犬來到我家了。牠原本是由一個老爺爺飼養、10 歲左右的混種犬，名叫 TAO。

來到我家 3 天左右，牠就閉口不吃東西了。好像是之前都是吃乾乾脆脆的食物，所以不喜歡帶水分的口感，連看都不看一眼。即便如此，

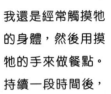

我還是經常觸摸牠的身體，然後用摸牠的手來做餐點。持續一段時間後，牠好像開始感覺到「咦？意外地好吃耶」，所以現在到了吃飯時間牠就會跑去等待，甚至連器皿的旁邊都舔了一圈。光是因為牠願意吃就讓人感到欣喜，於是我雀躍地想著「下次來試做些什麼吧」，然後在 1 年間嘗試了各式各樣的食材。

大家應該都有在早晨的餐桌上，就和家人聊著「今天晚上來吃魚好了」這樣的經驗吧。就像這樣的感覺，當我把早餐端給 TAO 之後，也會對牠說「晚上吃魚好嗎？」之類的，就像是早晨的樂趣一樣。我想這樣的雀躍，也會成為 TAO 對晚餐滿懷期待的契機吧。

飼主們的「愉快」，是連愛犬也能共同感受到相同心情的存在。而且我認為，那種「愉快」絕對會成為巨大的養分，然後送達到愛犬的身體和心靈。

透過
確認健康
來修正餐食

想知道餐食的量、內容、營養均衡等合不合適，觀察愛犬的狀態就是最好的方法。愛犬的健康狀態可以透過糞便、尿液、體毛、體臭、冰冷等方面來確認。一起來了解必須要注意的重點吧。

核對飲食結果的答案就靠糞便！

因應食物的不同，糞便的形狀、顏色、氣味等方面也會出現差異。如果出現了右頁列出的異常糞便，只要1日就恢復，還有精神和食慾的話就不必擔心。腹瀉的時候，就讓愛犬先斷食1日，確實補充水分吧。如果異常持續2～3日，而且身體狀態好像還變差的話，請連同糞便一起帶去醫院看診。

副交感神經運作時，就是腸子正常工作，並且活躍地進行消化吸收的時候。副交感神經在無意識中放鬆的時候，會處於優位運作。相反的，在緊張、不安、感受到壓力的時候，運作就會變得低落。為了讓副交感神經能夠處在優位運作，飯後的2小時左右要節制散步、激烈運動和玩耍。此外，因為胃酸變稀薄會妨礙消化，所以請不要讓愛犬大量地猛喝水。

因為是手作鮮食，所以便量比較少～

理想的糞便狀態是？

- 排出後是溫熱的
- 像是香蕉般的黏糊感
- 不會散成一塊一塊的，某種程度上是一整塊
- 即使撿起來也不會殘留在地面
- 沒有混入未消化的東西
- 沒有覆蓋一層黏液
- 放到水上時能浮起來

有排出這樣的糞便嗎？

☐ 很臭的糞便

➡ 增加膳食纖維或發酵食品

有可能是腸道平衡失衡，導致氣體在腸道內累積的關係。

☐ 偏軟便、軟便

➡ 調整飲食量、生活模式

吃得太多，特別是植物性蛋白質攝取過量，或者是承受了強大的壓力，都可能是原因。

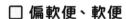

☐ 黏液便

➡ 調整蛋白質、脂質、膳食纖維的量

蛋白質、脂質、膳食纖維中可能攝取過量的情況。

☐ 白色糞便

➡ 盡速去醫院求診

可能是肝臟出了問題，導致膽汁無法生成。

☐ 硬的糞便

➡ 增加水分，添加黏稠的食材

水分平衡失調，導致水分不足時，糞便就會偏硬，難以順利排出。

☐ 腹瀉

➡ 視不同情況而定

還有精神和食慾，跟平常沒有不同，可能是排毒過程。若呈現水狀，就有罹患重大疾病的可能，持續下去的話請盡速送醫。

☐ 血便

➡ 留意脫水，食材打成糊狀，養護黏膜

可能是內臟的某處有出血狀況。一般認為鮮血的話是大腸、暗褐色則是小腸出現異狀。但無論是哪種都表示黏膜受傷了，可運用蘋果醋或優格等保養，並盡早求診。

糞便裡滿滿都是情報！

用尿液就能想像身體的狀態

從尿液的顏色和量、氣味等資訊就能了解健康狀態。狗的身體有 60% 是水分構成的，1 日所需要的水分量，基準大概和必要卡路里是相同的（1 日需要 500kcal 的狗＝需要 500ml 的水分）。要知道水分是否不足，第一步先確認尿液。若尿液和飲水量都和平時不同的話，要盡早送到動物醫院求診。

理想的尿液狀態是？

● 早晨第一泡尿意是帶點黃色
● 中午以後是淡檸檬色

check!

有排出這樣的尿液嗎？

☐ **總是黃澄澄的，氣味很強烈**

可能是水分不足的關係，請增加水分量。此外也有腎臟機能下滑的可能性。

☐ **早上開始幾乎無色透明**

異常的飲水狀態有罹患糖尿病的可能性。請盡速帶往醫院求診。

☐ **早上開始就出現泡泡**

腎臟可能出了某些問題，有排出蛋白尿的可能性。請盡速帶往醫院求診。

☐ **能看到閃閃發光的東西**

可能是尿意中的礦物質成分結晶化後的結石。請盡速帶往醫院求診。

☐ **白濁狀態**

可能是因為細菌感染，導致白血球進入尿液中被排出。請盡速帶往醫院求診。

使用寵物尿墊就很方便確認

check 3 ｜ 體臭或體毛是 健康的指標

理想的體毛狀態是？

- 幾乎沒有味道
- 不會黏黏的
- 沒有毛躁感

狗的身體從外側便於判斷健康的就是皮膚和體毛。皮膚和體毛的狀態，可說是身體結構有無好好運作的指標。皮膚和體毛如果黏黏的話，可能是脂質攝取太多，相反的，如果是毛躁狀態，就要評估蛋白質和脂質、水分攝取不足的可能性。即使不到去醫院求診的程度，也可先從飲食和水分的內容和量開始修正調整看看。

---

check!

體臭和體毛，有這些問題嗎？

清潔時確認一下吧！

☐ **整體都有臭味**

可能是老廢物質的排出不夠順暢。可嘗試幫負責解毒的肝臟添加養護食材。

☐ **像是腐敗般的氣味**

可能是腎功能低落所導致。務必要盡早帶往動物醫院求診。

☐ **腹部和背骨線一帶黏黏的**

攝取過多的脂質，導致身體對脂質處理能力下滑。請嘗試控制餐食中的脂質含量。

☐ **體毛有毛躁感**

可能是蛋白質和脂質攝取不足的關係。請調整蛋白質和脂質的量。

☐ **出現過量的皮屑**

可能是甲狀腺荷爾蒙分泌異常的關係。請盡速帶往醫院求診。

121

身體的寒涼是萬病之源

人們都說「寒涼是萬病之源」，要如何讓身體不那麼虛寒，和愛犬的活力有很大的關連性。據說體溫每下降 1 度，免疫力就會下滑 30%，為了讓內臟確實運作，維持正常的體溫是很重要的。為了保持住這樣的體溫，就不能讓發熱來源的肌肉流失。不光是要靠飲食和保養來溫暖身子，平時藉由散步來強健肌肉也是很關鍵的一環。

check!

愛犬的身體有沒有虛寒？

☐ **一早起來後，腳的前端有冰冷嗎？**

特別是早起和散步後，請確認耳朵和腳的前端有沒有變冷。

☐ **頭部和尾巴的根部有沒有溫度差？**

確認頭部和尾巴的根部、身體之間的溫度有沒有差異。

☐ **背部和腹部有沒有溫度差？**

平時就要多觸摸愛犬的身體，就能透過肌膚了解平常的溫度，便於判斷。

☐ **牙齦跟平時相比有沒有變白？**

如果血液循環不良的話，相較於平時，牙齦的顏色可能會變白或變紫。

☐ **在沒有那麼冷的環境，身體有沒有顫抖？**

如果整個身體都發冷的話，就會藉由身體的顫抖，來產生熱能。

符合 1項以上

每天將乾燥薑粉、肉桂粉等溫暖身體的食材，少量加入餐食。

符合 3項以上

可以使用毛刷、溫灸、熱水袋等，物理性地增加溫暖。

偶爾脫下衣服，曬曬日光浴！

日光浴能帶來很多不錯的效果。沐浴在紫外線下，能讓皮膚合成維生素 D，促進鈣質的吸收，進而強化骨骼，據說還能預防認知機能的衰退。

最近在散步的時候或是去別人家，經常能看到讓愛犬穿上衣服的飼主。但是，狗和人類不同，豐厚的體毛幾乎覆蓋了整個身體，即使是盛夏，牠們也像是穿著一身羊毛衣在走。而且衣服蓋住了身體，不但無法進行日光浴，還會因此留住悶熱與溼氣。即使是素材機能性較高的衣服，也應該讓牠們接受基本程度的日照。

讓愛犬穿上衣服的時候，請飼主也一起戴上毛帽看看。當飼主感覺想脫掉帽子時，就請一併幫愛犬脫下衣服吧。

日光浴的好處

- 促進鈣質的吸收，對骨骼強化有幫助
- 對於預防失智症有益
- 提升免疫力
- 讓肌肉更加強健 等等

太陽光好舒服呀～！

俵森朋子

小狗餐食研究者。也是位於鎌倉『manpucu garden』的店主，從事小狗餐食工作室與輔導業務，也販售對小狗身體有益的手作鮮食和食材。武藏野美術短期大學畢業後，從事近 20 年的居家裝潢設計與企劃工作，1999 年和友人一起創辦『Dog Goods Shop SYUNA & BANI』。2012 年，為了提供狗狗更好的照護，成立了經手狗食、照護用品和原創商品的『pas à pas』。2017 年，於『PRANA 和漢自然醫療動物診所』取得飲食治療法講師資格、2020 年於『PYIA 寵物藥膳國際協會』取得寵物藥膳管理士的資格、2021 年正式開設以小狗餐食為主要宗旨的『manpucu garden』。著作有《打造毛小孩的美味餐桌》、《高齡犬飲食指南》、《狗狗抗癌飲食全圖解》等多本作品。目前的愛犬為混種犬 TAO。

https://www.manpucu.jp

special thanks

Tyty

Panna

Ruru

Ron

Mona

Petty

Luna

ROSSI

TAO

主要參考文獻

『心と体をいやす食材図鑑』アマンダ・アーセル 著（TBSブリタニカ）
『七訂食品成分表 2018』（女子栄養大学出版部）
『栄養素図鑑と食べ方テク』中村丁次 監修（朝日新聞出版）
『犬と猫のからだのしくみ』POL & 浅野妃美・浅野隆司 著（インターズー）
『動物の栄養』唐澤豊 編（文永堂出版）
『休み時間の免疫学』齋藤紀先 著（講談社）
『中国医学』（東方医療振興財団）
『自然治癒力を高めるドッグ・ホリスティックガイド』
Wendy Volhard、Kerry Brown 著、
鷲巣誠 訳(メディカルサイエンス社)

主要參考網站

「カロリーSlism」https://calorie.slism.jp
「食品成分データベース」https://fooddb.mext.go.jp
「野菜ナビ」http://www.yasainavi.com
「American Animal Hospital Association
（アメリカ動物病院協会）栄養評価」
http://www.aaha.org

附錄的使用方式

附錄「想加入小狗餐食的食材 速查表」的活用方法

　　這裡將想加入小狗餐食的食材，依照 5 種顏色和希望保養的健康狀態一起彙整出來。請各位剪下本拉頁，貼在冰箱門之類的地方，好好地運用吧。

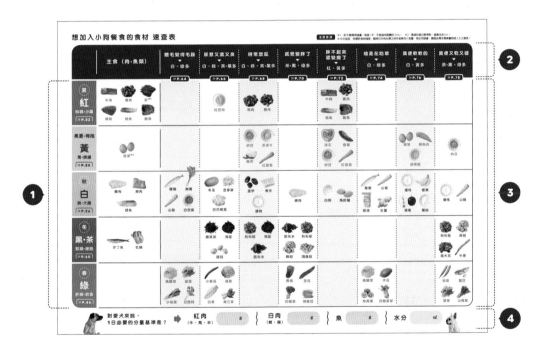

❶ 以藥膳的思維為基礎，將食材分成紅、黃、白、茶、黑、綠等 5 種。每種顏色都各有特徵，所以請參考 P.38 之後的頁數，配合季節和身體狀況來找出其中的均衡。

❷ 介紹日常生活中想保養、令人在意的身體狀況變化，搭配想加入的食材。這個項目會對應 P.64 ～ 79 的「健康照護餐食」，請同時參閱該部分。

❸ 介紹想加入小狗餐食的主要食材。餵食的食材請盡可能不要偏向特定，以每天輪替的方式來供餐。

❹ 對愛犬來說 1 日必要的肉、魚類和水分量的基準記錄欄位。請參考 P.28，配合愛犬的體重填寫吧。完全手作鮮食的話，請以看上去的量，採行「肉・魚：蔬菜＝1：1～2」的比例是基準。

TITLE

5色鮮食　養出健康亮麗毛小孩

STAFF

		ORIGINAL JAPANESE EDITION STAFF	
出版	瑞昇文化事業股份有限公司	デザイン	南彩乃（細山田デザイン事務所）
作者	俵森朋子	撮影	岡崎健志
譯者	徐承義	イラスト	大迫緑
		DTP	岸博久（メルシング）
總編輯	郭湘齡	編集	山賀沙耶
文字編輯	張聿雯	撮影小物	UTUWA
美術編輯	許菩真		
排版	謝彥如		
製版	明宏彩色照相製版有限公司		
印刷	桂林彩色印刷股份有限公司		

法律顧問	立勤國際法律事務所　黃沛聲律師
戶名	瑞昇文化事業股份有限公司
劃撥帳號	19598343
地址	新北市中和區景平路464巷2弄1-4號
電話	(02)2945-3191
傳真	(02)2945-3190
網址	www.rising-books.com.tw
Mail	deepblue@rising-books.com.tw
初版日期	2022年9月
定價	380元

國家圖書館出版品預行編目資料

5色鮮食養出健康亮麗毛小孩 / 俵森朋
子作; 徐承義譯. -- 初版. -- 新北市: 瑞
昇文化事業股份有限公司, 2022.09
126 面;　19x21公分
譯自: はじめての犬ごはんの教科書:
手作りごはん・フード・おやつ、知っ
ておきたい犬の食の基本
ISBN 978-986-401-574-0(平裝)

1.CST: 犬 2.CST: 寵物飼養 3.CST: 食譜

437.354　　　　　　　111011985

HAJIMETE NO INUGOHAN NO KYOKASHO
TEZUKURI GOHAN, FOOD, OYATSU, SHITTE OKITAI INU NO SHOKU NO KIHON
Copyright © Tomoko Hyomori 2021
Chinese translation rights in complex characters arranged with
Seibundo Shinkosha Published Co., LTD.,
through Japan UNI Agency, Inc., Tokyo